Chemie

WTB

WISSENSCHAFTLICHE TASCHENBÜCHER

AKADEMIE-VERLAG · BERLIN

DIETER NAUMANN

ALLGEMEINE
UND ANGEWANDTE

RADIO CHEMIE

THEORIA CUM PRAXI

WTB

BAND 1

Dieter Naumann

Allgemeine und angewandte Radiochemie

Mit 46 Abbildungen und 16 Tabellen

AKADEMIE-VERLAG · BERLIN

1962

Reihe CHEMIE

Herausgegeben im Auftrage der Sektion Chemie
bei der Deutschen Akademie der Wissenschaften zu Berlin

von:

Prof. Dr. H. Klare, Teltow-Seehof,
Prof. Dr.-Ing. Dr. h. c. E. Leibnitz, Leipzig,
Prof. Dr.-Ing. K. Schwabe, Dresden,
Prof. Dr. Dr. h. c. E. Thilo, Berlin

Verantwortlicher Herausgeber dieses Bandes

Prof. Dr.-Ing. K. Schwabe

Verfasser

Dr. D. Naumann, Rossendorf
Zentralinstitut für Kernphysik

Erschienen im Akademie-Verlag GmbH,
Berlin W 8, Leipziger Straße 3–4

Lizenznummer: 202 · 100/755/61
Gesamtherstellung: Druckhaus „Maxim Gorki", Altenburg
Printed in Germany
ES 18 C 2/3
Bestellnummer: 7001 · Preis: DM 8,–

Inhaltsverzeichnis

1. Einleitung 7

2. Grundlagen der Radiometrie 10

2.1. Radioaktivität 10

2.1.1. Strahlenarten 10
2.1.1.1. α-Strahlung 11
2.1.1.2. β-Strahlung 11
2.1.1.3. K-Einfang 12
2.1.1.4. γ-Strahlung 13
2.1.1.5. Konversionselektronen 13

2.1.2. Energie der Strahlungen 13
2.1.3. Absorption von Strahlung 15
2.1.4. Zerfallsgesetze 19

2.2. Messung der Radioaktivität 21

2.2.1. Ionisationskammer 23
2.2.2. Proportionalzähler 25
2.2.3. Geiger-Müller-Zähler 26
2.2.3.1. Nulleffekt 28
2.2.3.2. Zählrohrtypen 29

2.2.4. Szintillationszähler 30
2.2.5. Herstellung von Meßproben 32
2.2.6. Auswertung von Messungen 33
2.2.6.1. Selbstabsorption 34
2.2.6.2. Rückstreuung 37
2.2.6.3. Absorption und Streuung 37
2.2.6.4. Statistische Schwankung der Aktivität 38

2.2.7. Radiometrische Identifizierung von Radioelementen 39
2.2.7.1. Halbwertszeit 40
2.2.7.2. Energie 41

3. Allgemeine Radiochemie 44
3.1. Arbeitsmethoden 44
3.1.1. Radiokolloide 44
3.1.2. Mitfällung 45
3.1.3. Ionenaustausch 51
3.1.4. Extraktion 55
3.1.5. Papierchromatographie 57
3.1.6. Destillation und Sublimation 59
3.1.7. Elektrochemische Verfahren 59
3.1.8. Ultramikrochemische Methoden 62

3.2. Natürliche Radioelemente 64
3.2.1. Uran 64
3.2.1.1. Zerfallsreihen 67
3.2.2. Radium 72
3.2.2.1. Emaniermethode 74
3.2.3. Thorium 76
3.2.4. Protactinium 78
3.2.5. Actinium 79
3.2.6. Polonium 79
3.2.7. Natürliche Radioelemente außerhalb der Zerfallsreihen 80

3.3. Künstlich erzeugte Actinidenelemente 81
3.3.1. Plutonium 81
3.3.2. Neptunium 84
3.3.3. Weitere Actinidenelemente 85

3.4. Künstliche Radioisotope 86
3.4.1. Herstellungsmethoden 86
3.4.1.1. Neutronenreaktionen 86
3.4.1.2. Reaktionen mit geladenen Teilchen 88
3.4.1.3. Spaltreaktionen 88

3.5. Radiochemische Untersuchung der Kernspaltung . 89
3.6. Untersuchung chemischer Effekte von Kernumwandlungen 95
3.7. Isotopenaustauschreaktionen 99

4. Angewandte Radiochemie 101
4.1. Radiochemische Analytik 101
4.1.1. Analyse mit Radioindikatoren 102

4.1.2. Isotopenverdünnungsmethode 106
4.1.3. Aktivierungsanalyse 108
4.1.3.1. Chemische Trennmethoden der Aktivierungsanalyse 111
4.1.3.2. Die Empfindlichkeit der Methode 112

4.2. Chemische Radioisotopenanwendung 113

4.3. Produktion radioaktiver Isotope 116
4.3.1. Vorbereitung der Materialien für die Bestrahlung 117
4.3.2. Verarbeitung nach der Bestrahlung 118
4.3.2.1. Jod-131 119
4.3.2.2. Jod-132 120
4.3.2.3. Kohlenstoff-14 120
4.3.2.4. Schwefel-35 121
4.3.2.5 Phosphor-32 124
4.3.2.6. Tritium 124
4.3.2.7. Gold-198 125
4.3.2.8. Verschiedene Radioisotope 125

4.4. Aufarbeitung bestrahlter Kernbrennstoffe 126
4.4.1. Wässerige Aufarbeitungsverfahren (Solventextraktion) 129
4.4.1.1. Herstellung der Kernbrennstofflösung 129
4.4.1.2. Solventextraktion 133
4.4.2. Nichtwässerige Aufarbeitungsverfahren 138
4.4.2·1. Fluorierungsprozeß 138
4.4.2.2. Pyrometallurgische Aufarbeitungsverfahren 141

4.5. Probleme des radioaktiven Abfalls 144
4.5.1. Herkunft radioaktiver Abfälle 144
4.5.2. Methoden der Abfallbehandlung 147
4.5.2.1. Gase 147
4.5.2.2. Flüssigkeiten 148
4.5.2.3. Feststoffe 150
4.5.3. Nutzung von Spaltproduktabfällen 153

5. Anhang 154

5.1. Tabelle der wichtigsten Radioisotope 156
5.2. Literaturverzeichnis 162
5.3. Stichwortverzeichnis 166

1. Einleitung

Die Entdeckung der Radioaktivität (Becquerel, 1896) hat im Verlaufe der letzten 60 Jahre zur Entwicklung zweier neuer Fachgebiete innerhalb der Chemie geführt: der *Radiochemie* und der *Strahlenchemie*. Nachdem die Ausnutzung der Uranspaltung in Kernreaktoren gelungen war, entstand ein drittes großes Gebiet, die *chemische Kerntechnik*, welche unter anderem eine technische Anwendung der Radiochemie und der Strahlenchemie brachte.

Die *Radiochemie* befaßt sich mit der chemischen Bearbeitung radioaktiver Substanzen. Ihre Untersuchungsverfahren bedienen sich der Radioaktivität als Nachweismethode. Besonders unter technischen Bedingungen wird die Radioaktivität der zu bearbeitenden Substanzen zum beherrschenden Faktor, der sowohl den Anlagenbau als auch die Prozeßführung entscheidend beeinflussen kann.

Die *chemische Kerntechnik* umfaßt chemische Verfahren, die der Kernreaktor-Industrie dienen oder von ihr hervorgebracht wurden. Soweit es sich um radioaktive Substanzen handelt, stellt sie die technische Anwendung radiochemischer Methoden dar, während die eigentliche Reaktorchemie sich im wesentlichen mit Korrosionsfragen, mit Bestrahlungseffekten an Reaktormaterialien und mit Problemen der Herstellung von Brennstofflösungen oder Suspensionen beschäftigt. Die Uranerzaufbereitung, die Gewinnung von reaktorreinem Uran und die Brennelementfabrikation sind weitere wichtige Zweige der chemischen Kerntechnik.

Die *Strahlenchemie* dagegen untersucht die Einwirkung radioaktiver Strahlung auf Substanzen. Der Einsatz großer Strahlenquellen im technischen Maßstab kann gleichzeitig

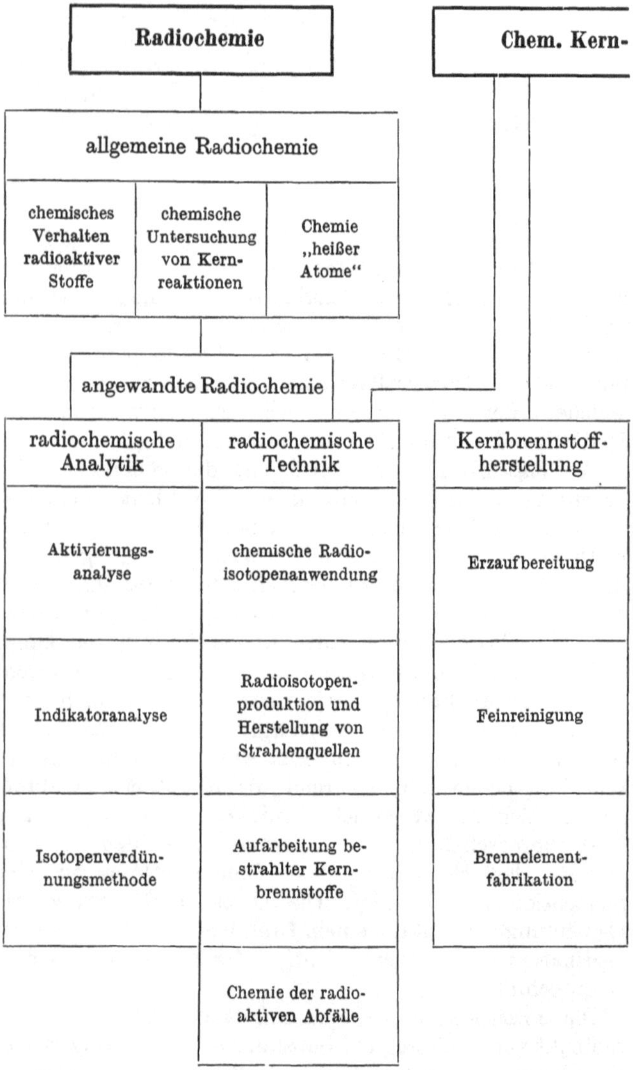
Radiochemie
Chem. Kern-
allgemeine Radiochemie
chemisches Verhalten radioaktiver Stoffe
chemische Untersuchung von Kernreaktionen
Chemie „heißer Atome“
angewandte Radiochemie
radiochemische Analytik
radiochemische Technik
Kernbrennstoffherstellung
Aktivierungsanalyse
chemische Radioisotopenanwendung
Erzaufbereitung
Indikatoranalyse
Radioisotopenproduktion und Herstellung von Strahlenquellen
Feinreinigung
Isotopenverdünnungsmethode
Aufarbeitung bestrahlter Kernbrennstoffe
Brennelementfabrikation
Chemie der radioaktiven Abfälle

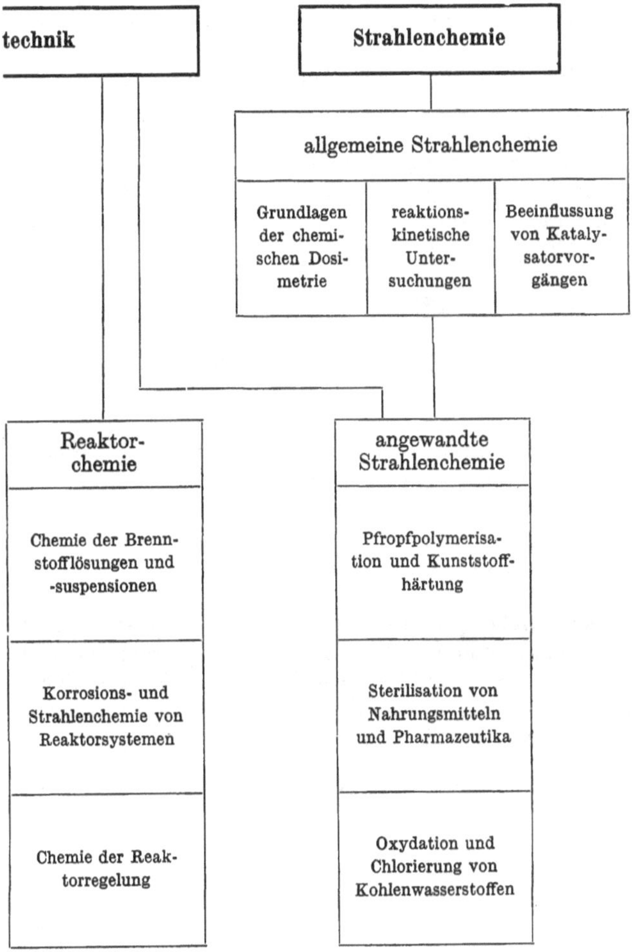

Abb. 1 Arbeitsgebiete des Chemikers im Bereich der Kernforschung und Kerntechnik

als ein Sektor der chemischen Kerntechnik betrachtet werden.

Abbildung 1 gibt einen Überblick von den Arbeitsgebieten des Chemikers im Bereich der Kernforschung und Kerntechnik.

In dem vorliegenden Taschenbuch wird eine kurzgefaßte Darstellung der allgemeinen und angewandten Radiochemie gebracht, die dem Leser als Einführung in dieses Arbeitsgebiet dienen kann.

2. Grundlagen der Radiometrie

Mit dem Begriff *Radiometrie* wollen wir die Meßmethodik für radioaktive Strahler definieren.

2.1 Radioaktivität

Die Erscheinung des Zerfalls von Atomkernen unter Aussendung von *Strahlung* wird als *Radioaktivität* bezeichnet. Das *Curie* [C] bildet die Maßeinheit der Radioaktivität. Ein Präparat besitzt die Aktivität von 1 Curie, wenn es pro Sekunde $3{,}7 \cdot 10^{10}$ Zerfälle erleidet.

$$1\,\mathrm{C} = 3{,}7 \cdot 10^{10}\ \text{Zerfälle/sec}.$$

2.11 Strahlenarten

Die wichtigsten Strahlenarten, die im Verlaufe von Kernumwandlungen auftreten, sind die α-, β- und γ-Strahlen, deren Eigenschaften im folgenden erläutert werden sollen.

2.111 α-Strahlung

Beim α-Zerfall emittiert der Atomkern Teilchen, die aus doppelt ionisierten Heliumatomen bestehen. Er tritt besonders bei Atomen mit hoher Kernladungszahl auf. Die Heliumkerne, welche zwei Protonen und zwei Neutronen enthalten, stellen eine sehr stabile Kernkonfiguration dar. Werden Heliumkerne emittiert, so verringert sich die Masse des Zerfallkernes um 4 und seine Ladung um 2 Einheiten.

$$^{M}_{Z}\mathrm{A} \rightarrow {}^{M-4}_{Z-2}\mathrm{A} + {}^{4}_{2}\mathrm{He}\ (\alpha)$$

(M = Massenzahl; Z = Kernladungszahl

Als bekanntestes Beispiel eines α-Strahlers sei das Radium angeführt,

$$^{226}_{88}\mathrm{Ra} \rightarrow {}^{222}_{86}\mathrm{Rn} + \alpha,$$

bei dessen Zerfall das ebenfalls radioaktive Edelgas Radon entsteht.

2.112 β-Strahlung

Wandelt sich im Atomkern ein Neutron in ein Proton um, so kommt es zur Emission einer negativen Elementarladung, eines β^--Teilchens, welches also ein vom Kern ausgestrahltes Elektron darstellt.

$$^{M}_{Z}\mathrm{A} \rightarrow {}_{Z+1}^{\ \ M}\mathrm{A} + {}^{\ 0}_{-1}e\ (\beta^-)$$

Beispiel: $^{32}_{15}\mathrm{P} \rightarrow {}^{32}_{16}\mathrm{S} + \beta^-$

Der neu entstandene Kern besitzt eine um 1 höhere Kernladungszahl als der zerfallene und steht im Periodensystem deshalb um einen Platz weiter rechts. Eine β^--Strahlung wird besonders dann auftreten, wenn im Kern des betreffenden Isotops ein Neutronenüberschuß gegenüber der stabilen Konfiguration des Elements vorhanden ist. Aber auch der umgekehrte Fall, nämlich ein Neutronenunterschuß, kann vorliegen. Dann besteht die Möglichkeit, daß sich ein Proton unter Emission einer positiven Elementarladung, eines β^+-Teilchens oder Positrons, in ein Neutron umwandelt.

$$^{M}_{Z}\mathrm{A} \rightarrow {}^{M}_{Z-1}\mathrm{A} + {}^{0}_{+1}e \ (\beta^+)$$

Beispiel: $^{11}_{6}\mathrm{C} \rightarrow {}^{11}_{5}\mathrm{B} + \beta^+$

Positronenstrahler sind unter den künstlichen radioaktiven Isotopen zu finden. Die ausgestrahlten Positronen vereinigen sich kurz nach ihrer Entstehung mit Elektronen, wobei für die verschwindenden beiden Partikel die äquivalente Energiemenge in Form von γ-Quanten auftritt, sie ergibt sich aus der Beziehung $E = m \cdot c^2$.

2.113 K-Einfang

Bei der Umwandlung eines Protons in ein Neutron im Atomkern kann durch Einfang eines Elektrons, vorwiegend aus der kernnächsten Elektronenschale (K-Schale), die positive Ladung des Protons kompensiert werden. Dieser sogenannte K-Einfang wird nach außen beobachtbar durch die charakteristische Röntgenstrahlung des entstandenen Kernes, da das Elektron einer äußeren Schale unter Abgabe von Energie die entstandene Lücke der K-Schale auffüllt.

Der K-Einfang unterscheidet sich vom β^+-Zerfall durch eine Differenz von zwei Elektronenmassen, deren Energieäquivalent als zusätzliche Zerfallsenergie zur Verfügung steht.

$$^{M}_{Z}\mathrm{A} + {}^{0}_{-1}e \rightarrow {}^{M}_{Z-1}\mathrm{A}$$

Beispiel: $^{54}_{25}\mathrm{Mn} \xrightarrow[100\%]{K\text{-Einfang}} {}^{54}_{24}\mathrm{Cr}$

Der entstandene Kern gehört ebenso wie beim β^+-Zerfall dem nächstniedrigeren Element an.

2.114 γ-Strahlung

Ein angeregter Atomkern kann unter Aussendung von Energie in Form von elektromagnetischer Strahlung, den γ-Quanten, seinen Grundzustand erreichen. Die Kern-γ-Strahlung entsteht im allgemeinen innerhalb sehr kurzer Zeit nach einer Kernreaktion (etwa nach 10^{-18} sec). Der angeregte Zustand kann aber auch Minuten oder Stunden beständig sein, ehe er unter Aussendung von γ-Quanten in den Grundzustand zurückfällt. Dann ist es sinnvoll, die beiden Kerne als *Kernisomere* zu unterscheiden.

2.115 Konversionselektronen

Tritt ein angeregter Kern in Wechselwirkung mit der Elektronenhülle und überträgt er seinen Energieüberschuß auf ein Hüllenelektron (meistens aus der K-Schale), so wird dieses als *Konversionselektron* emittiert. In vereinfachter Darstellung kann man annehmen, daß ein γ-Quant aus dem Kern ein Elektron aus der Hülle herausgeschlagen hat; deshalb auch die Bezeichnung *innerer Photoeffekt* für diesen Vorgang.

Die Ausstrahlung von Konversionselektronen wird von einer Röntgenstrahlung begleitet, da wie beim K-Einfang die Lücke in der innneren Elektronenhülle (K-Schale) durch das Elektron einer äußeren Schale aufgefüllt wird.

2.12 Energie der Strahlungen

Während die Art der Strahlung durch ihre Entstehung und Zusammensetzung gekennzeichnet ist, wird ihre Wirkung darüber hinaus wesentlich von ihrer Energie bestimmt. Man gibt sie in *Elektronenvolt* an. Die kinetische Energie 1 Elektronenvolt (1 eV) erreicht eine Elementarladung dann, wenn sie ein Potentialgefälle von 1 Volt durchlaufen hat. Die Energie von Kernstrahlung liegt gewöhnlich in der Größenordnung von Kilo- (keV) bis Megaelektronenvolt (MeV). So beträgt z. B. die Energie von α-Strahlen einige MeV.

Die bei einem Zerfallsvorgang gebildeten α-Teilchen besitzen alle die gleiche Energie, wenn der entstandene Kern nur einen Anregungszustand aufweist, andernfalls treten Gruppen von α-Strahlen gleicher Energie auf (Abb. 2), die den einzelnen Anregungszuständen des Produktkernes entsprechen. Durch Zusammenstöße mit den Molekülen der Luft verringert sich ihre Energie um den gleichen Betrag, so daß sie nach der gleichen Strecke von einigen cm (6 bis 12) alle zum Stillstand kommen.

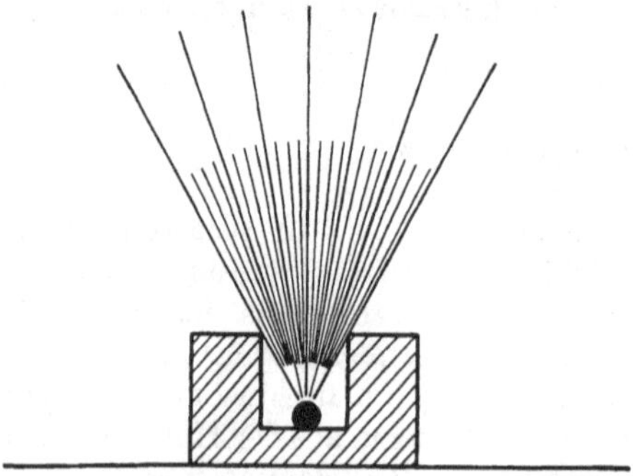

Abb. 2 Schematische Darstellung der Reichweite von α-Strahlen verschiedener Energie in Luft

Zwischen der kinetischen Energie der α-Strahlung und der Lebensdauer des betreffenden Strahlers besteht die Geiger-Nuttalsche Beziehung, wonach die Lebensdauer des α-Strahlers der kinetischen Energie seiner α-Teilchen umgekehrt proportional ist.

Im Gegensatz zu den α-Teilchen besitzt die β-Strahlung einer Zerfallsreaktion eine kontinuierliche Energieverteilung von Null bis zum Maximalwert der bei dieser Reaktion frei werdenden Energie. Die Differenz zur Maximalenergie wird für ein einzelnes Elektron durch die gleichzeitige Emission eines Neutrinos (neutrales Teilchen mit verschwindend kleiner Masse) ausgeglichen.

In Tabellen werden die Maximalenergien der β-Strahlung angegeben. Als mittlere Energie, z. B. für Strahlenschutz-

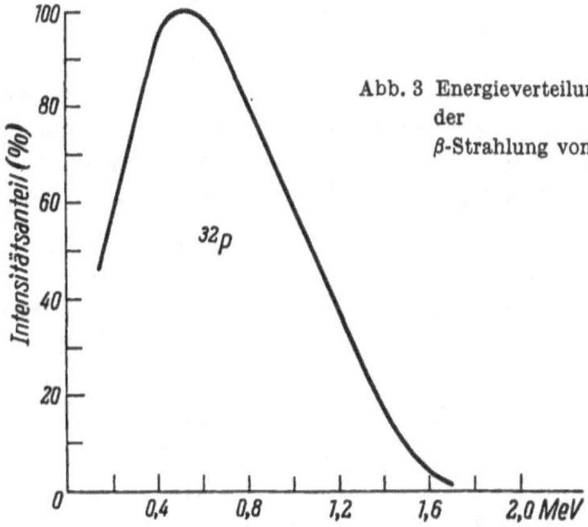

Abb. 3 Energieverteilung der β-Strahlung von ^{32}P

berechnungen, wird oft mit hinreichender Genauigkeit ein Drittel der maximalen β-Energie eingesetzt.

Die Energie der γ-Strahlung ist häufig noch größer als die einer Röntgenstrahlung, mit der sie ihrer Natur nach identisch ist. Sie entspricht der Energiedifferenz verschiedener Anregungszustände des Kerns und ist deshalb diskontinuierlich.

2.13 Absorption von Strahlung

Die unterschiedliche Schwächung ihrer Intensitäten beim Durchgang durch Materie (Absorber) ist die einfachste Methode zur Unterscheidung der einzelnen Strahlenarten bzw. der verschiedenen Energien ein und derselben Strahlenart.

Um beim Vergleich der Absorption verschiedener Strahlenqualitäten unabhängig vom Absorbermaterial zu sein, bezieht man auf das Flächengewicht (mg/cm²) des Absorbers. Ein Flächengewicht von 100 mg/cm² würde für Luft unter Normalbedingungen einer Schichtdicke von 77,5 cm, für Aluminium einer von 0,037 cm und für Blei einer von 0,0088 cm entsprechen. Die Schwächung der Strahlungsintensität von β-Strahlen gleicher Energie durch Absorber gleichen Flächengewichts ist gleich groß.

Die Wechselwirkung von α-Teilchen mit Materie führt zu einer Ionisation (Bildung eines Ionenpaares aus Elektron und positivem Ion) der getroffenen Atome und Moleküle des Absorbermaterials, die infolge der relativ großen Masse der zweifach positiv geladenen Heliumkerne aus einer dichten Folge von Ionisationsakten besteht.

Während die Energie der α-Teilchen durch eine große Summe von Einzelstößen geschwächt wird, kann bei β-Teilchen wegen ihrer geringen Masse schon ein einziger Stoß mit einem Absorbermolekül oder -atom eine weitgehende Energieabgabe herbeiführen, die im Extremfall zur Übertragung der gesamten Energie führt. Deshalb erfahren die β-Strahler bei der Absorption eine annähernd logarithmische Intensitätsschwächung, wie aus der Abbildung 4 für die Absorptionskurve von ^{32}P zu erkennen ist.

Für einen gewissen Teil der Absorberdicke gilt die exponentielle Beziehung

$$I = I_0 e^{-\alpha d},$$

wobei I die Intensität nach der Absorption, I_0 die Anfangsintensität, α der Absorptionskoeffizient und d das Flächengewicht (mg/cm²) ist. In diesem Fall hat α die Dimension cm²/mg und ist in erster Näherung unabhängig vom Material. Die Änderung des Absorptionskoeffizienten α mit der maximalen β-Energie hat Gleason [1] in einer einfachen empirischen Formel ausgedrückt, die im Bereich von 0,15 bis 3,5 MeV gültig ist:

$$\alpha = 0{,}017\, E_{\beta_{\max}}^{1,43}.$$

Zur Ermittlung der Energie eines β-Strahlers bedient man sich der vergleichenden Reichweitebestimmung. Die maximale Reichweite eines unbekannten β-Strahlers läßt sich nach einer Methode von FEATHER [2] durch Vergleich seiner Absorptionskurve mit der eines bekannten β-Präparates ermitteln. Dem Verfahren liegt die Überlegung zugrunde, daß die Intensitäten von β-Strahlern verschiedener Energie

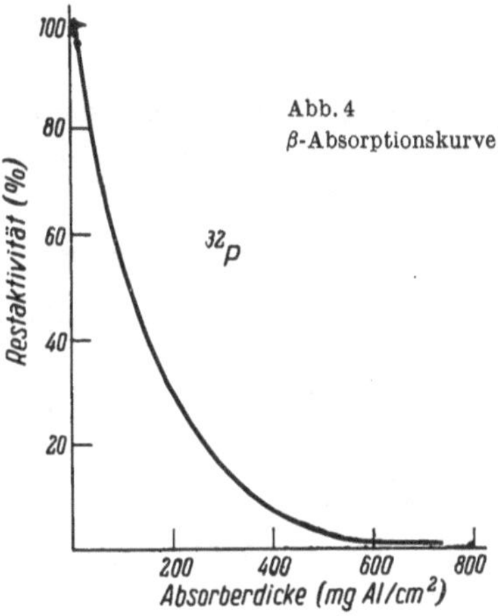

Abb. 4
β-Absorptionskurve für ^{32}P

auf den gleichen Bruchteil verringert werden, wenn die Absorberdicke den gleichen Bruchteil ihrer Reichweiten beträgt.

Für Energien $> 0{,}7$ MeV gilt dann die Beziehung

$$R_{\text{max}} = 543\ E - 160.$$

R = Reichweite in mg/cm², E = Energie in MeV

Die Absorption von γ-Strahlung verläuft grundsätzlich anders als die Absorption von α- oder β-Strahlung. Hier tritt keine allmähliche Schwächung der Energie ein, sondern bei Wechselwirkung eines Photons mit der Atomhülle wird seine gesamte γ-Energie oder zumindest ihr Hauptteil absorbiert. Da die ungeladenen γ-Quanten verhältnismäßig selten eine solche Wechselwirkung eingehen, ist ihre Durchdringungsfähigkeit sehr groß. Man kann auch nicht exakt von einer Reichweite der γ-Strahlung sprechen, da ihre Intensität niemals auf den Betrag Null absinkt. Sie gehorcht der formal gleichen Beziehung wie die β-Strahlung

$$I = I_0 \cdot e^{-\alpha d},$$

die für die γ-Strahlung allerdings keinen begrenzten Gültigkeitsbereich besitzt, sondern als streng gültig zu betrachten ist.

Bei der Wechselwirkung von γ-Quanten mit Elektronen der Atomhüllen können drei verschiedene Arten von Absorptionsprozessen eintreten.

Absorptionsprozeß	Schema	Energiebereich*
Photoeffekt		< 50 keV
Compton-Effekt		40 keV bis 10 MeV
Paarbildung	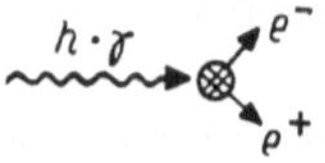	> 1,02 MeV

* Energiebereich der γ-Quanten, in dem das Maximum des betreffenden Absorptionsvorganges (Wasser als Absorbermaterial) liegt.

Beim *Photoeffekt* schlägt das ankommende γ-Quant ein Elektron aus der Atomhülle heraus und wird vollständig für die Ablösung des Elektrons vom Atom (Bindungsenergie) sowie für dessen kinetische Energie verbraucht. Dieser Absorptionsvorgang ist für γ-Quanten niedriger Energie charakteristisch. Sein Anteil an der Gesamtabsorption hängt von der Ordnungszahl des Absorbermaterials ab. Mit steigender Ordnungszahl verschiebt er sich in Richtung höherer Energie.

Beim *Compton-Effekt* wird ebenfalls ein Sekundärelektron erzeugt; nach dem Stoßvorgang aber ist das γ-Quant nicht völlig absorbiert, sondern eine energiearme, weichere γ-Strahlung anderer Bahnrichtung wird emittiert. Der Compton-Effekt überwiegt erst bei etwas größeren γ-Energien.

Beim Absorptionsvorgang unter *Paarbildung* wird die gesamte γ-Energie in ein β^+- und ein β^--Teilchen verwandelt. Das Energieäquivalent eines β-Teilchens beträgt 0,51 MeV, also tritt Paarbildung erst auf, wenn mindestens $2 \cdot 0{,}51 = 1{,}02$ MeV γ-Energie vorhanden sind; die darüber hinaus vorhandene γ-Energie erscheint als kinetische Energie der β^+- und β^--Teilchen.

2.14 Zerfallsgesetze

Für jedes Atom eines bestimmten radioaktiven Isotops besteht die gleiche Wahrscheinlichkeit, innerhalb einer bestimmten Zeiteinheit zu zerfallen. Die Anzahl der pro Zeiteinheit zerfallenden Atome ist nur von der Zahl der noch vorhandenen Atome (N) abhängig

$$-\frac{\mathrm{d}N}{\mathrm{d}t} = \lambda \cdot N.$$

Der Proportionalitätsfaktor λ (Zerfallskonstante) ist ein Maß für die Wahrscheinlichkeit des Zerfalls der betreffenden Art von Atomkernen. Der radioaktive Zerfall befolgt demnach die gleiche Gesetzmäßigkeit wie eine chemische Reaktion 1. Ordnung, nur kann er nicht wie diese durch äußere Bedingungen (Druck, Temperatur usw) beeinflußt werden. Durch Integration über die Zeit t von 0 bis t erhält man die Gleichung

$$N = N_0 \cdot \mathrm{e}^{-\lambda t}.$$

Die Zahl der gegenwärtig vorhandenen Atome N ist proportional der Zahl der zu Beginn des Versuchs vorhandenen Atome N_0, multipliziert mit dem Ausdruck $\mathrm{e}^{-\lambda t}$. der die exponentielle Abnahme der radioaktiven Atome in der Zeit t mit der Zerfallskonstanten λ darstellt.

Die Neigung der im halblogarithmischen Maßstab aufgetragenen Abklingkurven ist ein Maß für die Lebensdauer der radioaktiven Substanz (Abb. 5). Zur Charakterisierung

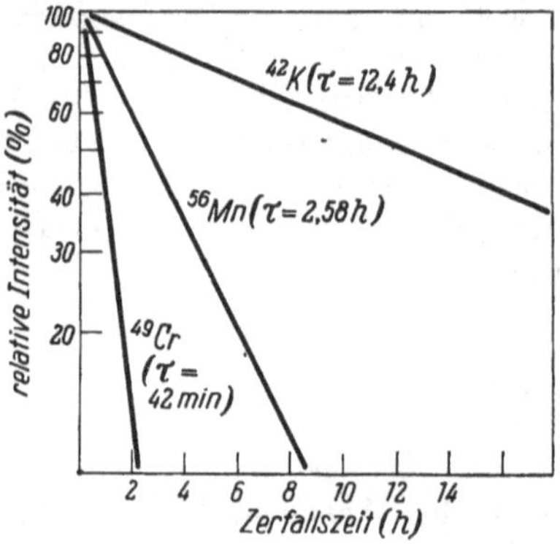

Abb. 5 Abklingkurven von Radioelementen verschiedener Halbwertszeit

der Lebensdauer des Strahlers benutzt man seine Halbwertszeit (τ), d. h. die Zeit, in der die Hälfte der vorhandenen Atome zerfallen ist:

$$\frac{N}{N_0} = \frac{1}{2} = e^{-\lambda\tau} \qquad \tau = \frac{\ln 2}{\lambda} = \frac{0{,}693}{\lambda}.$$

Wenn die beim Zerfall neu entstehende Atomart selbst wieder radioaktiv ist, so stellt sich zwischen den einzelnen Gliedern einer solchen Zerfallsreihe nach entsprechend langer Zeit ein radioaktives Gleichgewicht ein. Es ist dadurch gekennzeichnet, daß die Zahl der pro Zeiteinheit zerfallenden Atome jedes Zwischengliedes, d. h. dessen Aktivität, konstant ist. Daraus kann man schließen, daß im radioaktiven Gleichgewicht auch die Substanzmenge jedes einzelnen Zwischengliedes seiner Halbwertszeit direkt proportional sein muß. Beispielsweise verhält sich die Halbwertszeit des Radiums ($1,59 \cdot 10^3$ Jahre) zur Halbwertszeit des Urans ($4,51 \cdot 10^9$ Jahre) wie $\sim 1:3 \cdot 10^6$, und dementsprechend findet man in der Natur 1 Gramm Radium in 3 Tonnen Uran.

Für eingehendere Betrachtungen über die Grundlagen der Radioaktivität sei auf Spezialliteratur verwiesen [3, 4].

2.2 Messung der Radioaktivität

Die Wechselwirkung radioaktiver Strahlung mit der umgebenden Materie ruft Ionisation oder Anregung von Atomen hervor, wodurch ihr Nachweis ermöglicht wird. Ionisationskammer, Proportionalzählrohr, Geiger-Müller-Zählrohr und Wilsonsche Nebelkammer nutzen die erstgenannte Wirkung aus, während der Szintillationszähler auf der Registrierung angeregter Moleküle oder Atome beruht. Die erste Gruppe von Nachweisgeräten erteilt den durch die Strahlung erzeugten Ionenpaaren im elektrischen Feld zwischen zwei Elektroden eine Beschleunigung. Die bewegten Ladungsträger influenzieren eine Ladung an den Elektroden. Mit Hilfe eines Verstärkers wird der abgeleitete Ionisationsstrom mechanisch oder elektronisch registriert. Abbildung 6 zeigt, wie die Stärke des Ionisationsstromstoßes mit der an den Elektroden angelegten Spannung wächst.

Bei den niedrigsten Spannungen ist das Arbeitsprinzip der Ionisationskammer gegeben. Die Produkte der primären Ionisation durch die einfallende radioaktive Strahlung werden im elektrischen Feld in Richtung der Elektroden beschleunigt, und der auftretende Ionisationsstrom ist der Zahl der primär entstandenen Ionenpaare proportional. Damit ist es auch möglich, Strahlen von verschieden starker Ionisationswirkung zu unterscheiden.

Steigert man die Spannung an den Elektroden, so können die stärker beschleunigten Ionen im Gasraum ihrerseits eine sekundäre Ionisation hervorrufen, so daß sich eine Ionenwolke kaskadenartig auf die Elektroden zu bewegt

(Townsend-Lawine). Dieser Mechanismus liegt der Arbeitsweise des Proportionalzählrohres zugrunde. Auch in diesem Spannungsbereich ist für eine gegebene Spannung der Ionisationsstromstoß der Zahl der primär erzeugten Ionen-

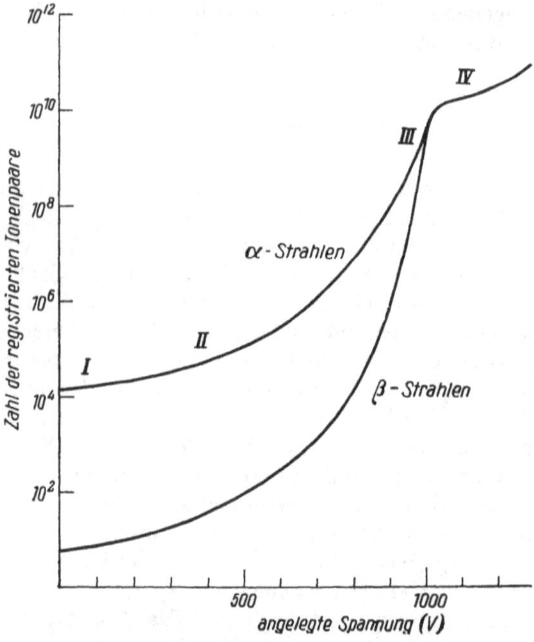

Abb. 6 Abhängigkeit des Ionisationsstromstoßes für α- und β-Strahlen von der angelegten Spannung ([3] (S. 64)). I = Arbeitsbereich der Ionisationskammer, II u. III = Proportionalbereich u. beschränkter Proportionalbereich, IV = Auslösebereich

paare proportional und läßt somit die Unterscheidung von Strahlungen mit verschieden starker Ionisation (α, β) zu.

Wird die Zählrohrspannung weiter erhöht, so kommt es bei der Entladung der primären Ionenpaare zur Aussendung von Photonen, die Photoelektronen bilden und somit eine

Ausbreitung der Entladung über das ganze Zählrohr hervorrufen (Koronaentladung). Jedes primär erzeugte Ionenpaar führt zu einer solchen Entladung, und damit ist der erzeugte Ionisationsstromstoß unabhängig von der Zahl der Primärionisationen, d. h. unabhängig von der Art der einfallenden Strahlung. Im Bereich der Koronaentladung arbeitet das Geiger-Müller-Zählrohr. Darüber hinausgehende Spannungssteigerungen führen zu einer Glimmentladung.

In der Wilsonschen Nebelkammer sind die Ionisationsprodukte radioaktiver Strahlung die Kondensationskeime für kleine Nebeltröpfchen, die sich aus einer wasserdampfübersättigten Atmosphäre ausscheiden. Dadurch wird es möglich, die Bahnspur der Strahlung photographisch zu erfassen.

Die Szintillationszähler enthalten Kristalle, die beim Auftreffen von Strahlung Lichtblitze aussenden. Mit Hilfe eines Photoelektronenvervielfachers werden die Lichtblitze automatisch registriert und gezählt.

Die Autoradiographie ist eine photographische Nachweismethode, die hauptsächlich für Schnitte von pflanzlichem oder tierischem Material verwendet wird, mit deren Hilfe man aber auch die Verteilung radioaktiver Bestandteile in anderen Materialproben ermitteln kann. Sie beruht auf der Schwärzung photographischer Filme und Platten durch radioaktive Strahlung.

2.21 Ionisationskammer

Die beiden typischen Konstruktionen von Ionisationskammern sind die Zylinder- und die Plattenkammer (Abb. 7 u. 8).

Während in der Plattenkammer zwischen der Sammelelektrode und dem als Gegenelektrode fungierenden dünnen Fenster ein homogenes elektrisches Feld besteht, bildet sich in der Zylinderkammer zwischen der stabförmigen Sammelelektrode und der Zylinderwand (Gegenelektrode) ein inhomogenes Feld aus, und die Feldstärke nimmt in Richtung

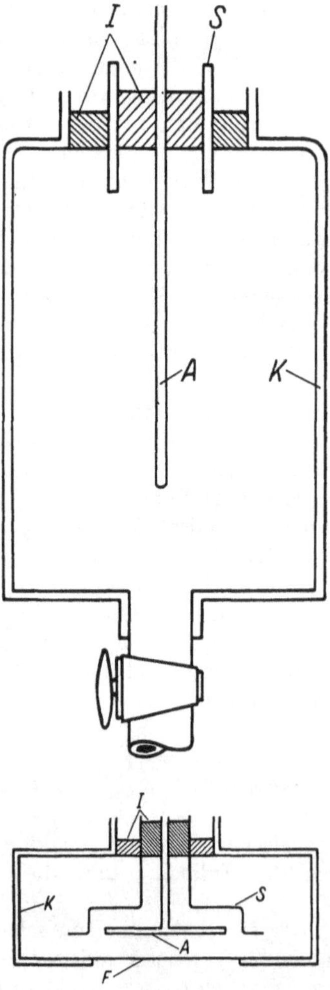

Abb. 7 u. 8 Prinzip einer Zylinderkammer und einer Plattenkammer. A = Innenelektrode (Anode), K = Gehäuse (Kathode), S = Schutzring, I = Isolator F = Fenster

Sammelelektrode stark zu. Die Ionenpaare bestehen aus den großen positiven Ionen und den kleinen, beweglichen Elektronen, die wesentlich rascher wandern, so daß der Impuls zunächst stark ansteigt, um dann flacher zu verlaufen, bis alle positiven Ionen die Kathode erreicht haben.

Es erfordert eine bestimmte Mindestspannung, um die Ionenpaare vor dem Eintreffen an den Elektroden zu beschleunigen, wo sie zu ungeladenen Atomen oder Molekülen rekombinieren. Von diesem Mindestwert an hängt der Stromfluß in der Kammer lediglich von der Zahl der pro Zeiteinheit gebildeten Ionenpaare ab, d. h., er wird in einem gewissen Bereich spannungsunabhängig und bildet ein *Plateau,* innerhalb dessen die Stromstärke als ein Maß der Strahlungsintensität dienen kann.

Während die integrierende Messung der Stromstärke für β-und γ-Strahler (für γ-Strahler dient eine Kammer mit Bleimantel) verwendbar ist, kann man bei α-Strahlern, da diese eine hohe Ionisationsdichte besitzen, mit Hilfe geeigneter Verstärker auch einzelne Stromstöße zählen, d. h. die Ionisationskammer als Impulszählkammer betreiben. Mit Hilfe einer geeigneten elektronischen Schaltung ist es sogar möglich, die Stromstöße nach ihrer Größe zu sortieren und ein Energiespektrum der α-Strahler aufzunehmen (Impulsanalysatoren).

2.22 Proportionalzähler

Eine Spannungserhöhung über das Plateau des Ionisationskammerbereiches hinaus verändert den Charakter der Entladung im Gasraum zwischen den Elektroden in der genannten Weise. Es tritt Stoßionisation unter Ausbildung einer Townsend-Lawine auf. Diese sogenannte *Gasverstärkung* gestattet weit geringere Intensitäten von β- und γ-Strahlern zu messen und darüber hinaus neben den Energien von α-Strahlern auch die Energien verschiedener β-Strahler zu unterscheiden. Der registrierte Stromstoß ist zwar für jede gegebene Spannung der Zahl der primären

Ionenpaare proportional, aber nur bei ein und derselben Spannung lassen sich vergleichende Aktivitäts- oder Energiemessungen durchführen, weil die Größe des von der gleichen primären Ionenzahl hervorgerufenen Stromstoßes mit der Spannung zunimmt. Das stellt hohe Anforderungen an die Konstanz der Spannung, wohingegen die Empfindlichkeit des Verstärkers geringer als bei Ionisationskammern sein kann.

Eine viel verwendete Form des Proportionalzählers ist der Methan-Durchflußzähler. Das Präparat wird in den Zählraum eingebracht, so daß die Energie der zu messenden α- und β-Strahlung völlig zur Ionenbildung benutzt werden kann. Durch den Zähler fließt ein schwacher Strom von Methan als Zählgas.

2.23 Geiger-Müller-Zähler

Das im Auslösebereich (Koronaentladung) arbeitende Geiger-Müller-Zählrohr besteht im Prinzip aus einer zylindrischen, leitenden Kathode und einem axial gespannten Anodendraht.

Das Elektrodensystem ist vakuumdicht verschlossen und von einer Zählgasfüllung (Edelgase oder Wasserstoff mit Alkoholdampf- oder Halogenzusatz) umgeben. Der Gesamtdruck beträgt gewöhnlich 90 bis 100 mm Hg. Zwischen den Elektroden liegt eine Spannung von >1000 V. Ein in den Zählrohrbereich einfallendes ionisierendes Teilchen löst unabhängig von der Zahl der primären Ionenpaare, die es selbst erzeugt, eine die ganze Zählrohrlänge umfassende Entladung aus. Die dabei auftretende *Verstärkung* im Gas beträgt 10^8 bis 10^{10}, so daß man mit einer einfacheren elektronischen Verstärkung des Zählrohrimpulses für die nachfolgende Registrierung als beim Proportionalzähler oder der Ionisationskammer auskommt. Dieser Vorteil erklärt die weitverbreitete Anwendung des Geiger-Müller-Zählrohres. Allerdings ist eine Unterscheidung von Art und Energie der Strahlung nicht mehr möglich; es wird nur noch die Anzahl

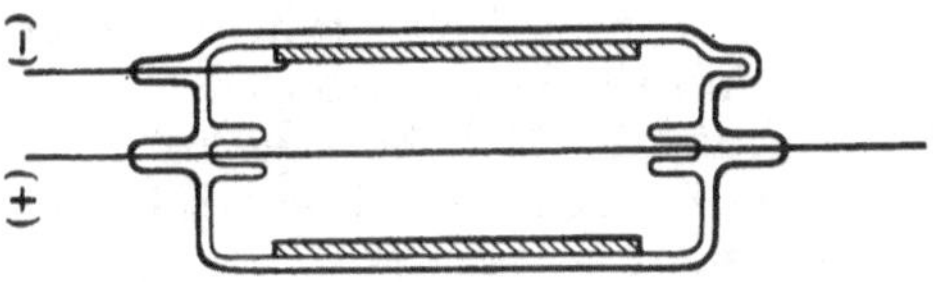

Abb. 9 Schema eines Geiger-Müller-Mantel-zählrohres

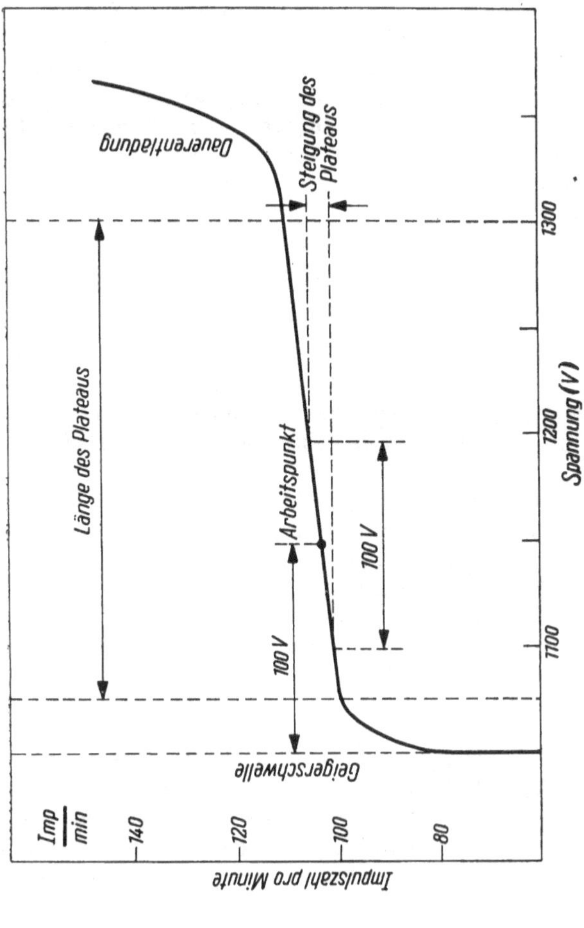

Abb. 10 Zählrohrcharakteristik ([9] (S. 44))

der Impulse aufgenommen. Trägt man die Anzahl der Impulse, die von einer bestimmten Strahlenquelle in gleichbleibender Geometrie im Zählrohr ausgelöst werden, in Abhängigkeit von der Spannung auf, so erhält man die in Abbildung 10 wiedergegebene Kurve.

Erst von einem bestimmten Spannungswert an, der Einsatzspannung, beginnt das Zählrohr zu arbeiten. Die Zahl der Impulse steigt von dort an in einem geringen Spannungsintervall stark an und erreicht bald ein Plateau, das sich gewöhnlich über 200 V erstreckt. Danach tritt infolge Dauerentladung wiederum ein steiler Anstieg der Impulszahl pro Spannungssteigerung ein. Die Steigerung des Plateaus soll nicht mehr als 1 bis 2% pro 100 V betragen. Als Arbêitsspannung wählt man einen Punkt im ersten Drittel des Plateaus.

2.231 *Nulleffekt*

Im Arbeitsbereich des Geiger-Müller-Zählrohres ist es nicht möglich, zwischen den Impulsen der zu messenden Strahlenquelle und den anderen Impulsen zu unterscheiden, welche durch die Höhenstrahlung, durch die Radio-

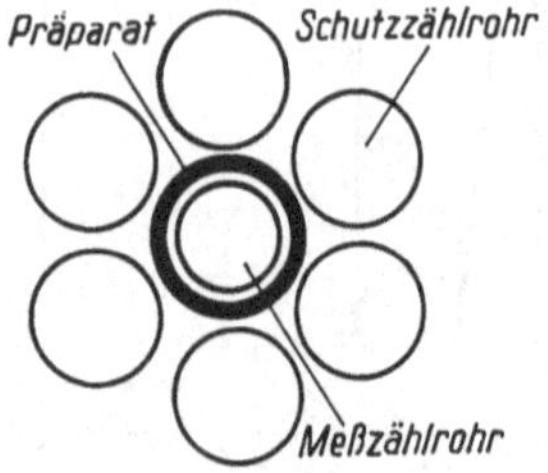

Abb. 11 Schutzzählrohre in Antikoinzidenzanordnung

aktivität der Umgebung usw hervorgerufen werden. Diese Fremdaktivität bildet den *Nulleffekt* des Zählrohres. Man kann ihn durch Abschirmen des Zählrohres in einer Bleikammer herunterdrücken, so daß er normalerweise 10 bis 100 Impulse/min nicht überschreitet. Für die Messung kleinster Impulsraten ist aber auch dieser Wert noch zu hoch. Dann umgibt man das Meßzählrohr mit dem zu messenden Präparat und schirmt es durch eine Reihe von Zählrohren nach außen hin ab. Durch eine entsprechende Schaltung werden alle solche Strahlen nicht registriert, die das Meßzählrohr und ein Umgebungszählrohr gleichzeitig ansprechen.

2.232 *Zählrohrtypen*

Die Ausführung der Zählrohre wird ihrem Meßzweck weitgehend angepaßt. Obwohl α-Präparate im allgemeinen mit Ionisationskammern oder Szintillationszählern gemessen

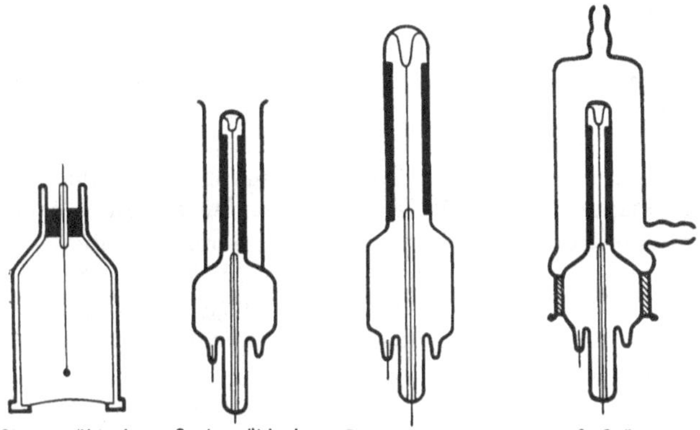

Abb. 12 Schema verschiedener Formen von Geiger-Müller-Zählrohren

werden, läßt sich das in Abbildung 12 gezeigte Glockenzählrohr auch für diese Zwecke verwenden, wenn man das Glimmerfenster sehr dünn hält (1,2 mg/cm²).

Das Glockenzählrohr bietet vor allem wegen seiner gut reproduzierbaren Geometrie der Meßanordnung Vorteile. Durch Veränderung des Flächengewichts des Glimmerfensters kann das Glockenzählrohr der Durchdringungsfähigkeit des Strahlers angepaßt werden. β-Strahler mißt man mit 5- bis 20%iger Ausbeute. Für γ-Strahler, die erst gemessen werden können, wenn sie Sekundärelektronen aus dem Zählrohrmaterial herausgeschlagen haben, werden auch dickwandigere Mantelzählrohre (Abb. 9) verwendet. Das Becher- und das Durchflußzählrohr (Abb. 12) eignen sich zur Messung flüssiger Proben. Bei ihnen ist auch die Geometrie der Meßanordnung (Zählrohr zu Präparat) leicht reproduzierbar, im Gegensatz zur Messung fester Proben mit dem Mantelzählrohr.

Auch die Größe der Zählrohre variiert stark mit dem Verwendungszweck. So werden z. B. zur Messung von Kalisalzen im Bergbau oder zur Messung sehr verdünnter radioaktiver Abfälle großflächige Zählrohre eingesetzt. Dagegen gibt es für spezielle medizinische Zwecke besonders kleine Konstruktionen.

Für die Messung weicher β-Strahler (^{14}C, Tritium) werden auch im Geiger-Müller-Bereich Innenzählrohre verwendet, bei denen die gasförmige Meßprobe jeweils der Zählgasfüllung zugesetzt wird. Die Handhabung ist allerdings sehr umständlich. Auch feste Proben werden auf einer hauchdünnen Zaponlackfolie in ein Innenzählrohr eingeführt und gemessen. Der besondere Vorteil dieser Anordnung besteht in der Möglichkeit, durch nahezu 100%ige Zählausbeute in dieser 4-π-Geometrie Absolutbestimmungen der Aktivität durchführen zu können.

2.24 Szintillationszähler

Seitdem die durch radioaktive Strahlung in Szintillatorsubstanzen hervorgerufenen Lichtblitze mit Hilfe von Sekundärelektronenvervielfachern verstärkt und anschließend automatisch registriert werden können [5], fanden die Szintillationszähler eine zunehmende Verbreitung.

Der Aufbau eines Szintillationszählers mit Photoelektronenvervielfacher ist aus Abbildung 13 zu erkennen. Die

Energie der einfallenden Strahlung wird im Leuchtkristall in Lumineszenzstrahlung umgewandelt, die in der Photozelle Photoelektronen freimacht, deren Anzahl im Sekundärelektronenvervielfacher (Multiplier) um den Faktor $\sim 10^6$ vergrößert wird. Dieser Strom wird im Verstärker auf die notwendige Größe gebracht, um eine Registriereinrichtung zu betätigen. Fremdimpulse unterhalb einer be-

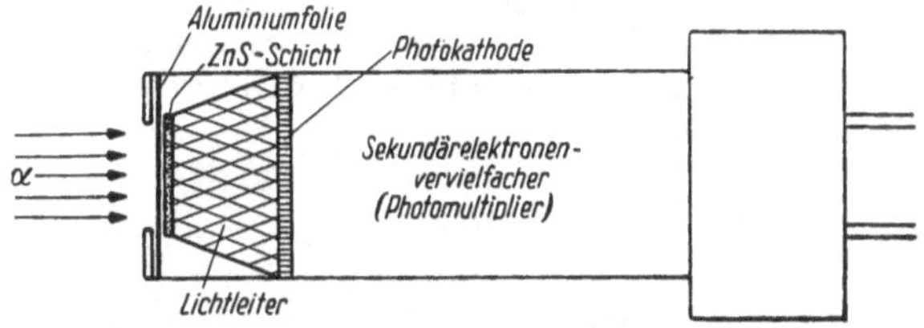

Abb. 13 Prinzip eines Szintillationszählers mit ZnS-Leuchtkristall

stimmten Mindestgröße lassen sich mit Hilfe eines Diskriminators unterdrücken. Eine Diskriminatorschaltung gestattet auch, verschiedene Energien von γ-Strahlen zu unterscheiden, da die Intensität eines Lichtblitzes der absorbierten Energie annähernd proportional ist. Der ziemlich große Nulleffekt eines Szintillationszählers entsteht vor allem durch spontane Elektronenemission im Vervielfacher infolge thermischer Bewegung im Metall. Man kann ihn durch Kühlung niedrig halten oder eine Koinzidenzschaltung verwenden, bei der ein Photoelektronenstrom nur dann registriert wird, wenn er von einem Lichtblitz im Kristall herrührt, der von zwei Vervielfachern gleichzeitig aufgenommen wird.

Als Szintillatorsubstanz für die Messung von α-Strahlern dienen Zinksulfid- oder Cadmiumsulfidkristalle, die geringe Spuren von Silber oder Kupfer als Aktivatoren enthalten. β-Strahler werden mit organischen Szintillatoren gemessen (Anthracen, Stilben usw), während für γ-Strahler Kristalle mit möglichst hohem durchschnittlichen Atomgewicht geeignet sind, da die Absorption der γ-Strahlung mit zunehmendem Atomgewicht des Absorbermaterials steigt. Thalliumaktivierte Natriumjodidkristalle besitzen deshalb eine hohe Nachweisempfindlichkeit für γ-Strahlung.

Für organische Szintillatoren werden nicht nur feste Kristalle, sondern auch Lösungen von Szintillatorsubstanzen in Toluol oder ähnlichen Lösungsmitteln verwendet. Weiche β-Strahler kann man mit besonders guter Ausbeute erfassen, wenn das aktive Präparat im flüssigen Szintillator gelöst wird. Durch Einpolymerisieren von Szintillatorsubstanz in optisch gut durchlässige Kunststoffe (Polystyrol) lassen sich sehr große feste Szintillatoren gewinnen.

2.25 Herstellung von Meßproben

Die Messungen können grundsätzlich mit gasförmigen, flüssigen oder festen Proben durchgeführt werden.

Radioaktive Gase lassen sich direkt ins Zählrohr einführen. Die Methode ist aber sehr umständlich und nur dort unumgänglich, wo infolge der geringen Durchdringungsfähigkeit der Strahlung auf einem anderen Wege keine annehmbaren Zählausbeuten zu erzielen sind (^{14}C, Tritium).

Aktivitätsmessungen an Lösungen werden mit dem Becherzählrohr oder dem Eintauchzählrohr ausgeführt und haben den Vorteil, daß man mit homogener Aktivitätsverteilung und leicht reproduzierbaren Geometrieverhältnissen rechnen kann. Dagegen macht sich die Selbstabsorption in der Flüssigkeit oft als großer Nachteil bemerkbar. Nur bei verhältnismäßig harten Strahlern und einigermaßen großen Intensitäten ist eine befriedigende Zählausbeute zu erwarten.

Die gebräuchlichste Labormethode zur Aktivitätsbestimmung stellt die Messung fester Substanzen dar. Man dampft auf einem kleinen Meßschälchen aus Kunststoff, Glas oder Aluminium einen aliquoten Teil der aktiven Flüssigkeit ein. Als Heizquellen werden Infrarotstrahler bevorzugt, da sie ein Eindampfen ohne Verspritzen gewährleisten (Oberflächensieden). Es ist sehr schwierig, beim Eindampfen eine gleichmäßige Schicht von Festsubstanz zu erhalten, da sich die Abscheidung zum Rande hin häuft. Vielfach wird es zweckmäßiger sein, den aktiven gelösten Stoff durch Ausfällen aus der Flüssigkeit zu isolieren. Dann gewinnt man den Niederschlag durch Absaugen oder Zentrifugieren gleich in einer meßfähigen Form.

Für das Absaugen sind die vielfältigsten Ausführungen der in Abbildung 14 dargestellten Nutsche entwickelt wor-

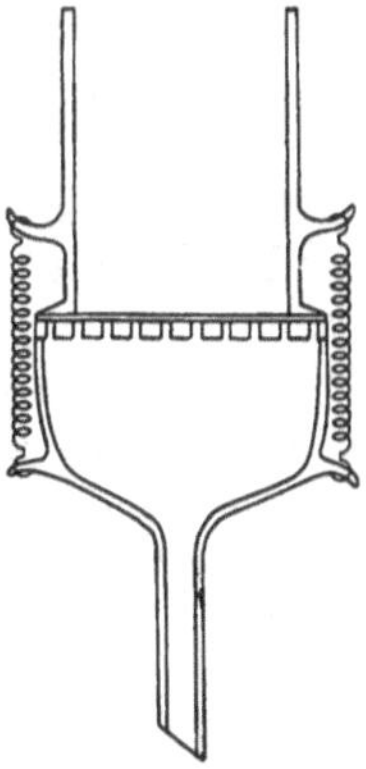

Abb. 14 Glasfilternutsche für radioaktive Niederschläge

den. Zwischen den Zylinder mit Randschliff und das plangeschliffene Unterteil wird ein ausgewogenes Filterpapierscheibchen gelegt und nach Absaugen des Niederschlages gewöhnlich mit Äthanol und Äther getrocknet, dann ausgewogen und ausgemessen.

2.26 *Auswertung von Messungen*

In den weitaus meisten Fällen ist es nicht nötig, die absolute Aktivität einer Meßprobe zu kennen. Es genügt, Vergleichsmessungen vorzunehmen, wobei allerdings die Ausbeute der Messung konstant gehalten oder deren Veränderung bei der Berechnung berücksichtigt werden muß.

Die Zählausbeute wird von zwei Faktoren bestimmt. Der erste gibt an, welcher Anteil der Gesamtaktivität in das

Zählgerät eindringt, und der zweite, welcher Anteil der eingedrungenen Teilchen vom Zählgerät registriert wird. In den ersten Faktor gehen eine Reihe weiterer Größen ein wie Selbstabsorption im Präparat, Rückstreuung im Präparat und an der Unterlage, geometrische Ausbeute, Absorption und Streuung zwischen Präparat und Zählgerät sowie beim Eintritt ins Zählgerät.

2.261 Selbstabsorption

Je nach Art und Energie erleidet die Strahlung innerhalb der Meßprobe eine gewisse Selbstabsorption. Bei weichen β-Strahlern tritt dieser Effekt bereits in sehr dünnen Schichten in Erscheinung (bei ^{14}C absorbiert 1 mg/cm² schon 13%), während die Selbstabsorption bei energiereichen β-Strahlern in dünnen Schichten noch zu vernachlässigen ist (für $E_{\max} > 1$ MeV bei Schichtdicken bis zu 10 mg/cm² ist Absorption vernachlässigbar klein). Als „unendlich dünn" bezeichnet man solche Schichtdicken, die noch keine merkliche Schwächung der Zählausbeute hervorrufen, und „unendlich dicke" Schichten sind solche, die die Reichweite der Strahlung übertreffen. In diesem Falle werden nur die obersten Lagen des Präparates einen Beitrag zur Zählausbeute liefern, der konstant bleibt und unabhängig davon ist, wie die Präparatdicke noch zunimmt. Um reproduzierbare Meßergebnisse zu erhalten, muß man entweder im Bereich unendlich dünner oder unendlich dicker Schichten arbeiten, oder man hält bei dazwischenliegenden Präparatedicken stets konstante Werte ein, was sich praktisch allerdings sehr schwer verwirklichen läßt. Welcher von den beiden Extremfällen anzuwenden ist, hängt von der Energie der Strahlung und der spezifischen Aktivität des Präparates ab. Bei Proben mit großen Trägermengen wird man im Gebiet unendlich dicker Schichten arbeiten. Wird durch Trägerzusatz die Gesamtintensität so stark geschwächt, daß die Messung ungenau wird, so muß man doch mit geringeren Schichtdicken arbeiten und eine Korrektur nach einer empirisch ermittelten Selbstabsorptionskurve vornehmen. Diese Kurve gewinnt man durch Ausmessen von Proben konstanter Aktivität, denen steigende Mengen Träger zugesetzt werden (Abb. 15). Man kann auch das umgekehrte Verfahren anwenden und Proben verschiedener Schichtdicke mit konstanter spezifischer Aktivität ausmessen (Abb. 16).

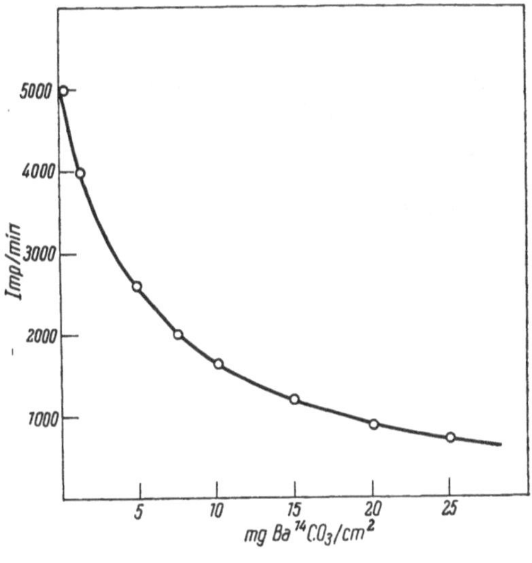

Abb. 15 Selbstabsorptionskurve für ^{14}C nach der Methode konstanter Gesamtaktivität

Die zu wählende Methode richtet sich nach dem Meßproblem. Es ist zu beachten, daß die ermittelten Kurven nur für den betreffenden Strahler in einer bestimmten Meßanordnung Gültigkeit besitzen.

Besondere Selbstabsorptionsverhältnisse liegen bei der Messung flüssiger Proben vor. Bei reinen β-Strahlern wird man stets im Gebiet unendlich dicker Schichten arbeiten. Werden β- und γ-Strahler gemessen, so kann die Vergrößerung der Schichtdicke sogar eine Erhöhung der Zählausbeute bewirken, da zwar die β-Strahlung bald auf den durch unendliche Schichtdicke gegebenen Betrag geschwächt wird, aber die γ-Strahlung mit steigender Menge an absorbierender Flüssigkeit zunehmend Sekundärelektronen erzeugt und in diesem Maße ihre Zählausbeute erhöht wird. Aus diesem Grunde erhält man nicht nur eine Abhängigkeit von der Dicke der Flüssigkeitsschicht, sondern

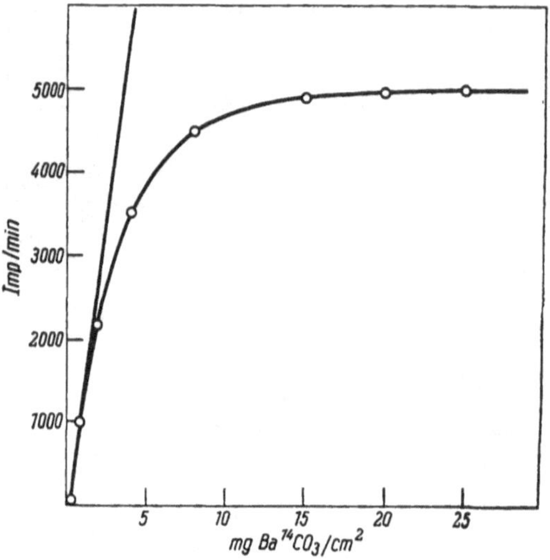

Abb. 16 Selbstabsorptionskurve für ^{14}C nach der Methode konstanter spezifischer Aktivität

auch von der Dichte der Lösung und ihrer Zusammensetzung. Man kann diese Schwierigkeiten überwinden, indem man ein Zählrohr verwendet, dessen Manteldicke die Reichweite der β-Strahlung und der Sekundärelektronen der in Lösung absorbierten γ-Strahlung übersteigt, so daß nur die im Zählrohr selbst absorbierte γ-Strahlung registriert wird. Die geringe Schwächung der γ-Intensität durch wechselnde Schichtdicke, Dichte und Zusammensetzung der Lösung kann mit Hilfe empirischer Eichkurven berücksichtigt werden.

2.262 *Rückstreuung*

Das radioaktive Präparat strahlt in alle Richtungen des Raumes. An der Unterlage kann ein Teil der Strahlung reflektiert werden und dadurch die Zählausbeute erhöhen. Die Rückstreuung nimmt mit steigender Ordnungszahl und steigender Dicke der Unterlage zu. Sie verändert sich praktisch nicht mehr mit der Schichtdicke der Unterlage, wenn diese die halbe Reichweite der Strahlung erreicht hat. Auch mit steigender Energie der Teilchen nimmt die Rückstreuung zu. Die rückgestreuten Elektronen verändern das Energiespektrum, da sie verlangsamt wurden. Deshalb muß der Rückstreueffekt bei Aufnahme von Selbstabsorptionskurven (Material der Meßschälchen: Kunststoff, Glas, Aluminium, Stahl) berücksichtigt werden. Eine Vorstellung von der Größe des Rückstreueffektes für unendlich dicke Unterlagen in Abhängigkeit von deren Zusammensetzung vermitteln die empirischen Werte der Tabelle 1.

Tab. 1 Rückstreuung der β-Strahlung des ^{210}Bi durch verschiedene Unterlagen bei gleichbleibender Zählanordnung [6]

Unterlage	Aktivität mit Unterlage zu Aktivität ohne Rückstreuung
Filterpapier	1,10
Pappe	1,18
Kupfer	1,48
Nickel	1,50
Molybdän	1,60
Platin	1,78

2.263 *Absorption und Streuung*

In dem Medium zwischen Präparat und Zählrohr sowie an dem Zählrohrfenster oder -mantel finden Absorption und Streuung der Strahlung statt, deren Ausmaß nicht nur von der Dicke dieser Zwischenschichten, sondern auch von der Geometrie des Präparates und seiner Lage zum Zählrohr abhängt. Bei einem recht ausgedehnten Präparat haben die schräg einfallenden Randstrahlen bis zum Zählrohr eine dickere Absorptionsschicht zu durchlaufen als die senkrecht einfallenden, nahezu parallelen Strahlen.

2.264 Statistische Schwankung der Aktivität

Die statistische Natur des radioaktiven Zerfalls bedingt, daß um so größere Schwankungen in einer Meßreihe auftreten, je schwächer das Präparat und je kürzer die Meßdauer für eine Einzelmessung ist.

Trägt man eine genügende Anzahl von Einzelmessungen in ein Diagramm ein, welches auf der Abszisse die Einzelwerte und auf der Ordinate die Häufigkeit des gefundenen Wertes enthält, so erhält man eine Kurve, die eine Verteilung der Meßwerte nach dem Poissonschen Gesetz zeigt.

Die Poissonsche Verteilung kann bei größeren Aktivitätsmengen durch das Gaußsche Fehlergesetz ersetzt werden. Auf dieser Grundlage läßt sich ein mittlerer statistischer Fehler (Standardabweichung) angeben,

$$\sigma_{St} = \pm \sqrt{n},$$

σ_{St} = mittlerer statistischer Fehler (Standardabweichung),
n = Gesamtzahl der in der Zeit t registrierten Impulse,
der aussaugt, daß in 100 Fällen der mittlere Wert der Messungen durchschnittlich 68mal in den Grenzen $n - \sqrt{n}$ und $n + \sqrt{n}$ liegt und 32mal die Abweichung vom Mittelwert die Größe $\sqrt{n}$ überschreitet.

Zur Charakterisierung der Genauigkeit einer Aktivitätsmessung geht man häufig vom dreifachen statistischen Fehler aus. Die Wahrscheinlichkeit, daß ein Meßwert außerhalb dieses Fehlers liegt, beträgt nur noch 0,3%. Hat man Resultate, die bei genügender Anzahl von Meßwerten eine häufigere Abweichung zeigen, so liegt die Ursache nicht mehr in der statistischen Schwankung des Zerfalls begründet, sondern es müssen Fehlerquellen bei der Zählanordnung vorliegen.

Bezieht man das Meßresultat auf die Zeiteinheit (1 min), so gilt für den mittleren statistischen Fehler

$$\sigma_{St} = \pm \frac{\sqrt{n}}{t}.$$

Das Meßresultat R wäre dann in der Form anzugeben

$$R = \frac{n}{t} \pm \frac{\sqrt{n}}{t} = \frac{n}{t} \pm \sqrt{\frac{n}{t^2}}.$$

Da bei den meisten Messungen ein Nuleffekt zu berücksichtigen ist, dessen Messung mit der gleichen statistischen Schwankung behaftet ist, erhält man für die als Ergebnis interessierende Differenz von Meßresultat und Nulleffekt (L) einen mittleren statistischen Fehler von

$$\sigma_{St} = \pm \sqrt{\frac{n_R}{t_R^2} + \frac{n_L}{t_L^2}}.$$

Beispiel: In 20 Minuten wurden 2320 Impulse gemessen; der Nulleffekt wurde 10 Minuten lang gemessen und betrug 320 Impulse. Daraus ergibt sich ein mittlerer statistischer Fehler des Ergebnisses von

$$\sigma_{St} = \pm \sqrt{\frac{2320}{400} + \frac{320}{100}} = \pm 3.$$

2.27 Radiometrische Identifizierung von Radioelementen

Die Bestimmung von Halbwertszeit und Energie ermöglicht eine Identifizierung von Radioelementen, so lange es sich nicht um ein zu kompliziertes Gemisch ähnlicher Strahler handelt.

2.271 Halbwertszeit

Durch Aufnahme von Abklingkurven werden Halbwertszeiten bestimmt. Bei Gemischen kann man versuchen, verschiedene Strahler mit Absorberfolien auszufiltern; sind aber die Energien sehr ähnlich, so muß die komplexe Abklingkurve in ihre Komponenten zerlegt werden (Abb. 17).

Jeder Strahler zeigt für sich allein einen linearen Abfall des Logarithmus der Aktivität. Man beginnt deshalb bei der Kurvenzerlegung mit der langlebigsten Aktivität und legt die ihr entsprechende Abklingkurve als Tangente (im

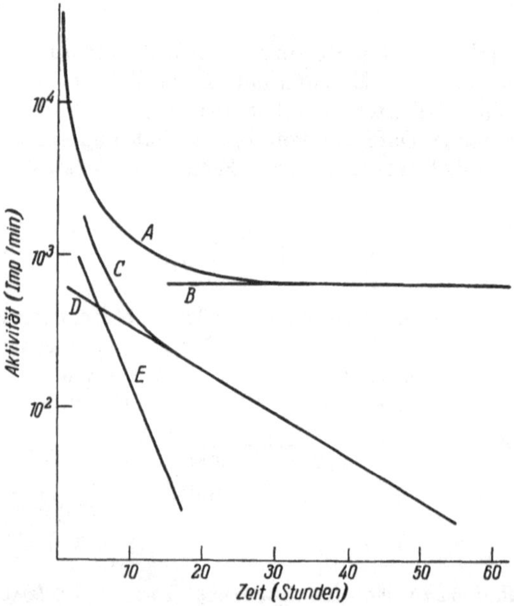

Abb. 17 Zerlegung der Abklingkurve eines Gemisches von ^{86}Rb, ^{42}K und ^{134}Cs [7]
A = komplexe Kurve, B = Abklingkurve für ^{86}Rb,
C = A − B, D = Abklingkurve für ^{42}K,
E = C − D = Abklingkurve für ^{134}Cs

halblogarithmischen Maßstab) an das Ende der komplexen Kurve. Dann wird diese Teilkurve von der Gesamtkurve subtrahiert, und man erhält die komplexe Abklingkurve der kürzerlebigen Restaktivität, die sich nochmals auf die gleiche Weise zerlegen läßt. Diese Methode versagt im allgemeinen bei Gemischen von mehr als drei Komponenten. Läßt sich dann auch durch Zwischenschaltung von Absorbern keine Verbesserung erreichen, so müssen chemische Trennungen vorgeschaltet werden.

2.272 Energie

Als Geräte für die Energiemessung von α-Strahlern wurden bereits der Proportionalzähler, die Ionisationskammer, der Szintillationszähler und darauf fußend der Impulsanalysator erwähnt. Wichtiger für radiochemische Identifizierungen sind die Absorptionsmessungen an β-Strahlern. Die aufgenommene Absorptionskurve kann bei gemischten

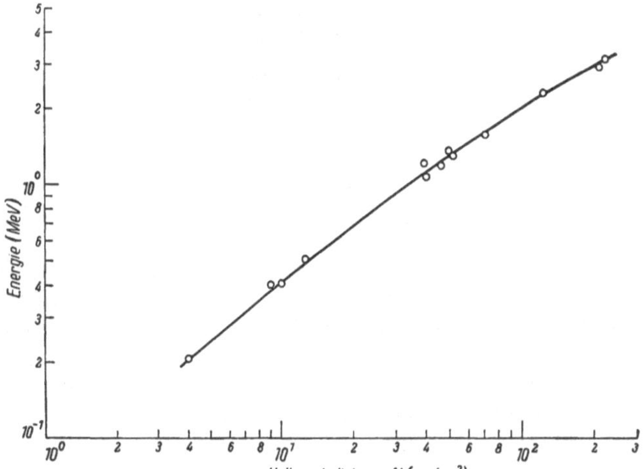

Abb. 18 Halbwertsdicke von β-Strahlern in Aluminium [8]

Strahlern in der gleichen Weise zerlegt werden wie eine komplexe Abklingkurve.

Nach der bereits erwähnten Methode von FEATHER kann man die Energie eines unbekannten β-Strahlers ermitteln, indem man seine durch Absorptionsmessungen bestimmte Reichweite (mg/cm²) zur bekannten Reichweite eines β-Strahlers in Beziehung setzt. Nach der von CORYELL und SUGARMAN [8] angegebenen Kurve (Abb. 18) läßt sich eine einfache Energiebestimmung mit Hilfe der Halb-

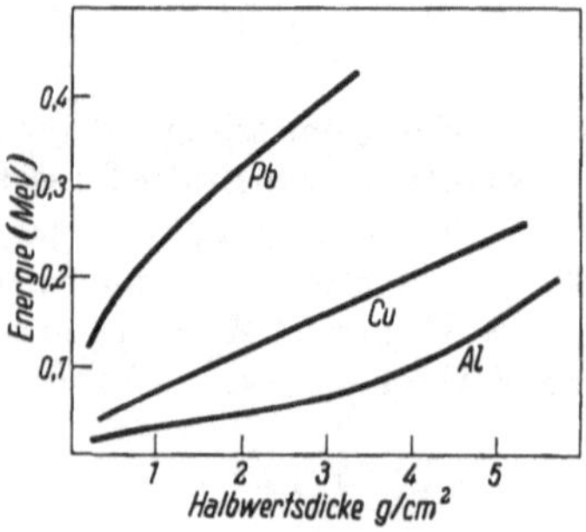

Abb. 19 Halbwertsdicke von weichen γ-Strahlern in Aluminium, Kupfer und Blei [8]

wertsdicke durchführen. Die Halbwertsdicke ist dasjenige Flächengewicht (mg/cm²), das die Intensität des β-Strahlers auf die Hälfte reduziert.

Größere Genauigkeit, allerdings mit einem wesentlich höheren Aufwand, erreicht man mit dem Szintillationsspektrometer. Die durch β-Teilchen im Szintillator erzeugten Lichtblitze liefern im Photoelektronenvervielfacher Impulse, deren Größe der Energie des β-Strahlers innerhalb eines weiten Bereiches proportional ist. Mit Hilfe einer geeigneten Schaltung lassen sich die Impulse eines engen Energiebezirkes herausblenden und auszählen. Durch Vergleich mit einem Eichpräparat erhält man die Energieverteilung des Gemisches.

In ähnlicher Weise verfährt man bei der Bestimmung von γ-Energien. Auch hier bilden Absorptionsmessungen die einfachsten und daher gebräuchlichsten Verfahren für radiochemische Arbeiten. Als Absorbermaterial verwendet man Aluminium und Blei. Komplexe Absorptionskurven werden in gleicher Weise wie bei β Strahlern zerlegt [8]. Die Halbwertsdicken für verschiedene Energiebereiche zeigen die Abbildungen 19 und 20.

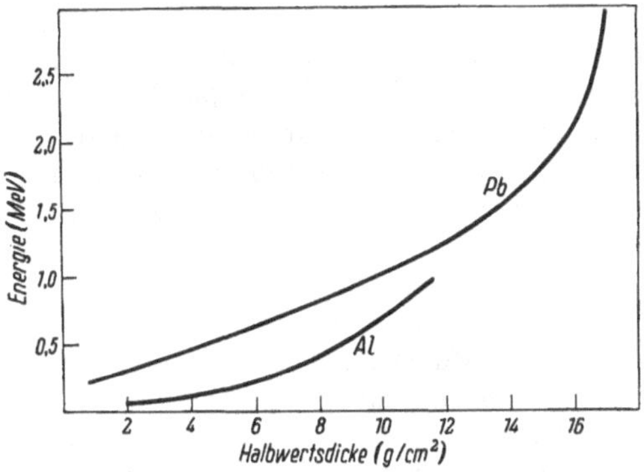

Abb. 20 Halbwertsdicke von harten γ-Strahlern in Aluminium und Blei [8]

In den γ-Szintillationsspektrometern werden häufig thalliumaktivierte Natriumjodidkristalle als Szintillatoren verwendet. Man erreicht im allgemeinen ein besseres Auflösungsvermögen als im β-Spektrometer, da die diskontinuierlichen γ-Energien ein Impulsspektrum mit ausgeprägten Intensitätsmaxima liefern.

Eine ausführliche Darstellung der Meßtechnik radioaktiver Strahlung findet man bei Kment und Kuhn [9]. Eingehende Erörterungen zu arbeitstechnischen Fragen bei radiochemischen Messungen werden von Herforth und Koch [10] gebracht.

3. Allgemeine Radiochemie

3.1 Arbeitsmethoden

3.11 Radiokolloide

Beim Arbeiten mit Lösungen, in denen praktisch trägerfreie radioaktive Isotope vorliegen, ist die Möglichkeit gegeben, das Verhalten von Substanzen in äußerst geringer Konzentration bei guter Nachweismöglichkeit zu untersuchen. Es zeigt sich, daß oft ein von dem der Makrokonzentrationen desselben Stoffes abweichendes Verhalten auftritt, weil die Substanz häufig unkontrollierbar verlorengeht. Als Ursache kann man zwei Erscheinungen anführen: die Adsorption (besonders an der Glasoberfläche) und die Radiokolloidbildung. Adsorptionserscheinungen werden im folgenden noch ausführlicher behandelt.

Unter Radiokolloidbildung versteht man das Auftreten kolloidaler Partikel (10^{-8} bis 10^{-7} cm ⌀), an denen die Aktivität aus der trägerfreien Lösung konzentriert ist. Sie bilden sich in nahezu neutralem oder in alkalischem Milieu. Zur Erklärung werden zwei Annahmen herangezogen. Die eine, vor allem von O. Hahn [11] und Zsigmondy [12] vertretene Auffassung geht davon aus, daß die Radioelemente an den in Lösung unvermeidbar vorhandenen Staubteilchen oder ähnlichem adsorbiert werden, d. h. daß es sich gar nicht um echte Kolloide der Radioelemente selbst handelt, sondern um radioaktiv markierte feste Verunreinigungen in der Lösung. Dagegen sind Paneth [13], Haissinsky [14] und Starik [15] der Ansicht, daß echte Kolloide der Radioelemente gebildet werden. Zwar reichen die Konzentrationen in den trägerfreien Lösungen nicht aus, um das Löslichkeitsprodukt zu überschreiten und kolloidale Aggregate zu bilden, aber die Werte für die Löslichkeitsprodukte von den in Betracht kommenden Hydroxyden und Sulfiden sind infolge ihrer extremen Kleinheit, der Langsamkeit von

Rekristallisationsvorgängen, den Alterungserscheinungen usw. mit einer großen Unsicherheit behaftet, so daß bei der Bildung dieser Verbindungen die Voraussetzung der Ableitung, nämlich zwei definierte Phasen (Lösung und Bodensatz) im inneren Gleichgewicht, gar nicht gegeben ist. Möglicherweise spielt auch das Aufwachsen von Hydroxyden auf den als Kristallisationskeime wirkenden Verunreinigungen eine gewisse Rolle.

3.12 Mitfällung

Während die Radiokolloidbildung bei der Abtrennung radioaktiver Substanzen unerwünscht ist, bedient man sich ihrer oft, um geringe, unterhalb des Löslichkeitsproduktes liegende Konzentrationen von Radioelementen zu isolieren, sie werden an Makrokonzentrationen geeigneter Fremdsubstanzen mitgefällt. Bei der Charakterisierung von Mitfällungsreaktionen mit nichtisotopem Trägermaterial wird zweckmäßigerweise eine von O. Hahn [16] angegebene Einteilung benutzt [17].

1. Mitfällung durch Mischkristallbildung

   Die Mikrokomponente wird isomorph in das Kristallgitter der Makrokomponente eingebaut, da Makromengen der beiden Komponenten Mischkristalle bilden. Die Verteilung der Mikrokomponente im Kristallgitter ist kontinuierlich, braucht aber nicht homogen zu sein.

2. Mitfällung durch anomale Mischkristallbildung

   Die Mikrokomponente wird offenbar in das Kristallgitter eingebaut, obwohl Makromengen der beiden Komponenten keine Mischkristalle bilden.

3. Mitfällung durch Adsorption

   Die Mikrokomponente wird an der Oberfläche der Makrokomponente nach der Ausbildung des Kristalls adsorbiert. Die Verteilung der Mikrokomponente ist stets diskontinuierlich.

4. Mitfällung durch innere Adsorption

Während des Kristallwachstums der Makrokomponente wird die Mikrokomponente adsorptiv an verschiedenen Stellen gebunden und so im Kristall eingeschlossen. Es ergibt sich eine diskontinuierliche Verteilung.

Darüber hinaus gibt es noch Mitfällungserscheinungen, die sich nicht in das genannte Schema einordnen lassen, z. B. die Grimmschen Mischkristalle, bei denen der im Vergleich zur Makrokomponente größere (kleinere) Kationenradius der Mikrokomponenten ihren kleineren (größeren) Anionenradius so kompensiert, daß ein Einbau im Gitter der Makrokomponente möglich wird. Die Entscheidung, ob Mitkristallisation oder adsorptive Mitfällung vorliegt, kann durch das Experiment getroffen werden. Die Mitkristallisation ist relativ unabhängig von den Fällungsbedingungen (Konzentration der Lösung, Zeitdauer der Fällung, Anwesenheit von Fremdionen usw), Adsorptionsvorgänge dagegen hängen sehr stark von den Fällungsbedingungen ab.

Erfolgt die Mitfällung unter Gleichgewichtsbedingungen, so gehorcht der Vorgang dem Nernstschen Verteilungsgesetz, dessen Gültigkeit für die isomorphe Mitkristallisation von Chlopin [18] nachgewiesen wurde:

$$\frac{C_2}{C_1} = \frac{\text{Konzentration der Mikrokomponente im Kristall}}{\text{Konzentration der Mikrokomponente in der Lösung}}$$

$$= \frac{a_N/b_N}{a_L/b_L} = k$$

a_N = Menge der Mikrokomponente im Niederschlag
a_L = Menge der Mikrokomponente in Lösung
b_N = Menge der Makrokomponente im Niederschlag
b_L = Menge der Makrokomponente in Lösung

Bei völligem Gleichgewicht zwischen den Komponenten im Kristallinnern und der Lösung ist die Verteilung der Komponenten im Kristall homogen und gleicht der Verteilung zwischen zwei flüssigen Phasen bei der Extraktion.

Dieses Gleichgewicht kann nur erreicht werden, wenn die Diffusion der geschwindigkeitsbestimmende Faktor bei der Fällung ist oder Rekristallisation eintreten kann. Durch kräftiges Rühren bei langsamer Kristallisation und Kleinhalten der Kristalle läßt sich die Gleichgewichtseinstellung unterstützen. Unter Kristallisationsbedingungen, die kein Gleichgewicht zwischen Lösung und Gesamtkristall herstellen, besteht nur ein Gleichgewicht zwischen Lösung und jeweiliger Kristalloberfläche. Dann ist die mitkristallisierende Aktivität nicht homogen über den Gesamtkristall verteilt, sondern nimmt in Richtung des Kristallinneren zu. Die Änderung der Menge der Mikrokomponente im Niederschlag ist demnach stets proportional der zum betrachteten Zeitpunkt noch in Lösung vorhandenen Menge der Mikrokomponente. Dasselbe gilt für die Makrokomponente:

$$\frac{d_{a_N}}{dt} = K_1 (a - a_N) \qquad \frac{d_{b_N}}{dt} = K_2 (b - b_N)$$

a = Gesamtmenge der Mikrokomponente
b = Gesamtmenge der Makrokomponente

Die beiden Gleichungen ergeben zusammengefaßt $\left(\frac{K_1}{K_2} = \lambda\right)$

$$\frac{\mathrm{d}_{a_N}}{a_{b_N}} = \lambda \, \frac{a - a_N}{b - b_N};$$

$$\frac{\mathrm{d}_{a_N}}{a - a_N} = \frac{\mathrm{d}_{b_N}}{b - b_N}$$

und integriert

$$\log \frac{a}{a - a_N} = \lambda \cdot \log \frac{b}{b - b_N}.$$

Dieses von Doerner und Hoskins [19] aufgefundene logarithmische Verteilungsgesetz drückt kein thermodynamisches Gleichgewicht zwischen Gesamtkristall und Lösung aus, stellt aber den Fall dar, der in der Praxis am häufigsten

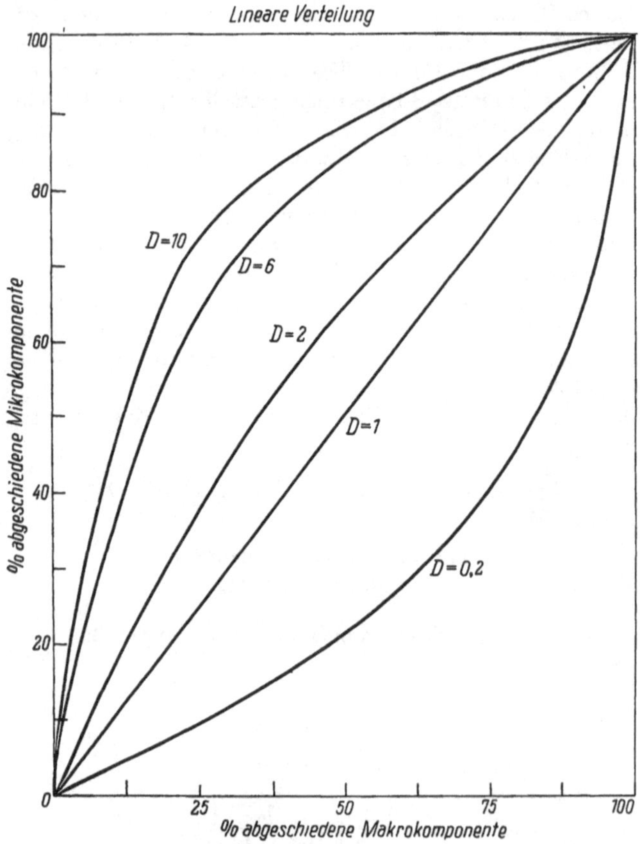

Abb. 21 u. 22 Mitkristallisation einer Mikrokomponente unter Gleichgewichts- und Nichtgleichgewichtsbedingungen

auftritt, so z. B., wenn eine Kristallisation durch isothermes Eindampfen der Lösung erfolgt oder durch Rühren aus übersättigter Lösung und die Kristalle zur Vermeidung von Rekristallisation schnell abgesaugt werden. Will man eine Abtrennung von Radioelementen durch isomorphe Mit-

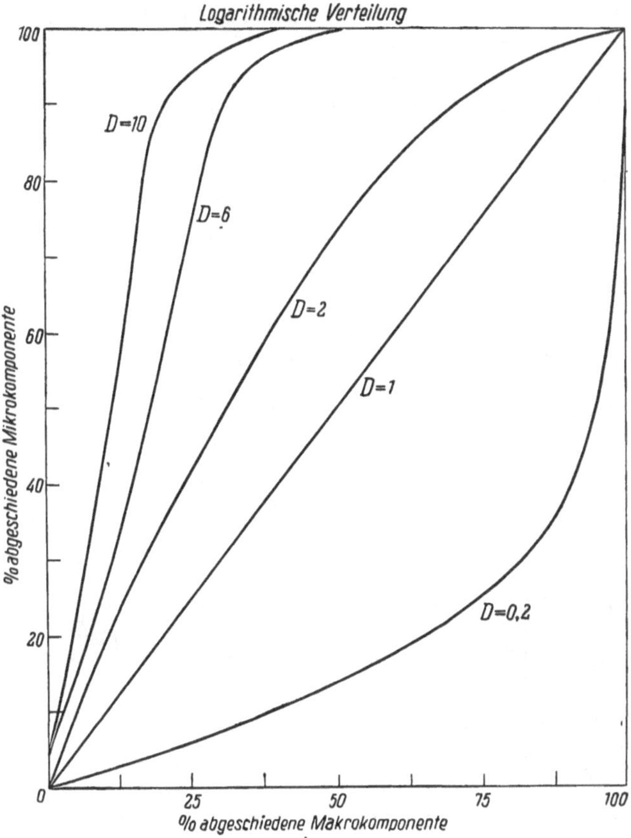

kristallisation erreichen, so ist es vorteilhafter, unter Bedingungen zu arbeiten, die eine Doerner-Hoskins-Verteilung realisieren, wie aus den Abbildungen 21 und 22 zu ersehen ist.

Um die Mitfällung durch Adsorption zu erklären, betrachtet man die Oberfläche des Niederschlages als elektrische Doppelschicht, die aus einer fest haftenden Ladung von den im Überschuß vorhandenen Ionen, die eine schwerlösliche Verbindung bilden, und der lockeren Gegenionenschicht besteht. Die Ionen der Mikrokomponente können am Niederschlag adsorbiert werden, indem sie zunächst mit

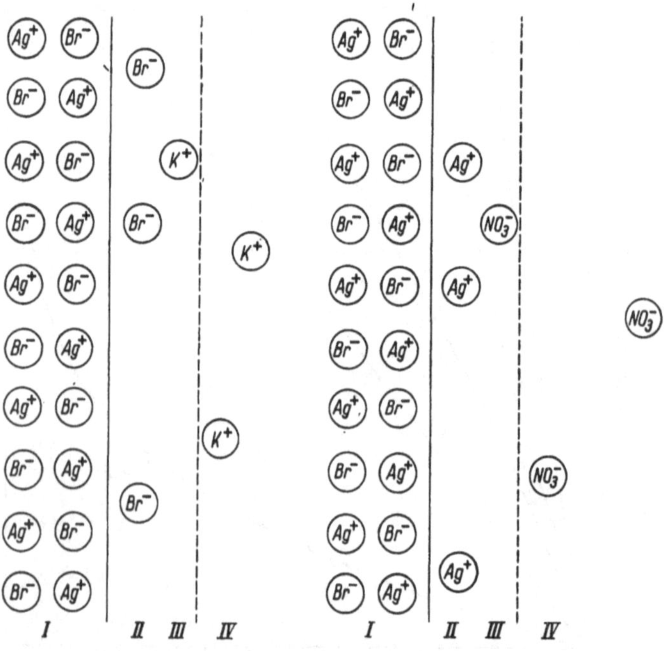

Abb. 23 Schema einer elektrischen Doppelschicht an der Oberfläche eines heteropolaren Kristalls, links. AgBr mit Br^--Überschuß gefällt, rechts AgBr mit Ag^+-Überschuß gefällt, I = AgBr-Kristall, II = potential-bestimmende innere Schicht, III = starr gebundene äußere Schicht, IV = diffuse Schicht

Ionen der Gegenionenschicht ausgetauscht und dann fest gebunden werden. Voraussetzung ist, daß die Ionen der Mikrokomponente und die Oberflächenschicht des Niederschlags entgegengesetzt geladen sind und daß die am Niederschlag entstehende Verbindung des Radioelements im betreffenden Lösungsmittel schwer löslich ist. Beispielsweise wird Radioblei (Th B) an vorgebildetem Silberbromid adsorptiv mitgefällt.

Die von HAHN besonders unterschiedene innere Adsorption setzt sehr starke Bindungskräfte (sehr geringe Löslichkeit, Komplexbildung) zwischen den Ionen der Mikrokomponente und denen der wachsenden Kristalloberfläche voraus, da sonst eine Verdrängung während des Wachstums stattfinden müßte. Dagegen führen andere Autoren die Erscheinung auf Adsorption an Fehlstellen des Kristalls zurück.

3.13 Ionenaustausch

Eine Mittelstellung zwischen den Mitfällungen durch Adsorption und den reinen Ionenaustauschvorgängen nehmen die Adsorptionserscheinungen an vorgebildeten Oberflächen von Kohle, Quarz, Gläsern und anderen Materialien ein. Während es sich bei der Adsorption an Kohle nicht um eine reine Ionenaustauschwirkung handeln kann, läßt sich der Vorgang am Glas sehr gut damit erklären. Unter der Einwirkung des Wassers beginnen die Natriumionen aus der Glasoberfläche abzudissoziieren. Es werden kationenaustauschfähige Haftstellen geschaffen, an denen Mikrokonzentrationen von Radioelementen (trägerfrei) völlig adsorbiert werden können. Auch tiefergelegene Schichten der Glasoberfläche beteiligen sich am Austausch, so daß eine Entfernung der radioaktiven Verunreinigungen (Entseuchung) gar nicht so leicht möglich ist. Man versieht deshalb Glasoberflächen für radiochemische Zwecke vielfach mit Silikonlacken oder arbeitet in Gefäßen aus Kunstharzen.

Die Verwendung von synthetischen Ionenaustauschern in der Radiochemie ist vor allem mit der Untersuchung von Kernspaltprodukten zu einem wichtigen Bestandteil ihrer Arbeitsmethodik geworden. Die Gesetzmäßigkeiten des Austausches sind für Makro- und Mikromengen gültig. Das Austauschermaterial besteht aus einer hochpolymeren organischen oder anorganischen Gerüstsubstanz, die eine genügende Anzahl austauschaktiver Gruppen trägt. Die abdissoziierten Wasserstoffionen dieser Gruppen ($-SO_3H$, $COOH$, $-PO(OH)_2$) lassen sich durch Metallkationen ersetzen.

$$n\,Me^{m+} + m(HR_n) \rightleftharpoons n(MeR_m) + m\,H^+$$

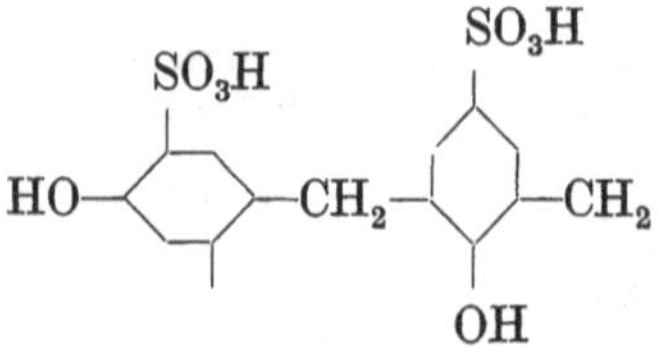

Grundgerüst eines Sulfonsäureharzes

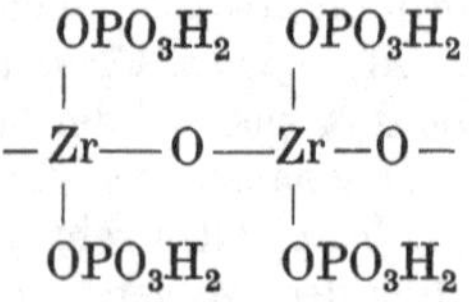

Schema eines Zirkonphosphataustauschers

Entsprechendes gilt, wenn die aktive Gruppe ($-NH_3^+$, $=NH_2^+$, $\equiv N^+$) Anionenaustauscheigenschaften besitzt:

$$n\,X^{m-} + m(R_nOH) \rightleftharpoons n(XR_m) + m\,OH$$

Auf den Ionenaustauschvorgang läßt sich näherungsweise das Massenwirkungsgesetz anwenden:

$$K = \frac{(a_{MeR_m})^n \cdot (a_{H^+})^m}{(a_{HR_n})^m \cdot a_{Me^{m+}})^n}.$$

Ist Me^{m+} das Kation eines trägerfreien Radioelementes, so beeinflußt sein Austausch die Menge der H^+-Ionen am Austauscher und in der Lösung kaum, d. h., man kann sie als konstant betrachten. Die am Austauscher adsorbierte Menge an Radioelement ist demnach stets seiner Konzentration in der Lösung proportional.

Für die Einstellung des Austauschgleichgewichtes sind drei Teilvorgänge maßgebend: die Diffusion der Ionen durch die Flüssigkeitsschicht unmittelbar um die Austauscherteilchen, die Diffusion innerhalb dieser Teilchen und der Austausch der Ionen an der aktiven Gruppe. Der letzte Schritt verläuft als Ionenreaktion äußerst rasch. Bei geringen Ionenkonzentrationen ist die Diffusion im Flüssigkeitsfilm um das Austauscherteilchen der langsamste und damit der geschwindigkeitsbestimmende Vorgang, bei größeren Konzentrationen kann die Diffusionsgeschwindigkeit im Teilchen selbst ausschlaggebend werden.

Für die Trennung zweier Komponenten ist der Unterschied in der Bindungsfestigkeit ihrer Ionen am Austauscher maßgebend. Sie nimmmt mit der Ladung der Ionen zu und mit ihrem Radius im hydratisierten Zustand ab.

Die Unterschiede in der Adsorbierbarkeit ergeben beim Durchlaufen einer Austauschersäule durch ständig wiederholte Adsorption und Desorption bei genügender Säulenlänge einen Unterschied in der Laufzeit für die einzelnen Ionenarten. Wählt man ein Elutionsmittel, das die wirksame Konzentration der Ionen, die nicht adsorbiert werden sollen, infolge Komplexbildung herabsetzt, können auch sehr ähnliche Ionen getrennt werden (Seltene Erden).

Mit steigender Vernetzung der Austauscher nimmt die Trennschärfe zu, aber die Geschwindigkeit der Gleichgewichtseinstellung nimmt ab. Man kann sie durch Temperaturerhöhung verbessern (Erhöhung der Diffusionsgeschwindigkeit) und — zumindest für Laborversuche — eine geringere Korngröße wählen.

Die bemerkenswerteste Leistung der Ionenaustauschtechnik ist die Auftrennung der Lanthaniden (Abb. 24) und Actiniden an Harzaustauschern, die unter Verwendung von Komplexbildnern (Citronensäure, Milchsäure, Äthylendiamintetraessigsäure) als Elutionsmittel durchgeführt wird.

Sehr einfache Komplexbildner kann man bei den Trennungen von Kationen an Anionenaustauschern verwenden. Man benutzt die unterschiedliche Komplexbildungstendenz anorganischer Säuren verschiedener Konzentration, wie Salzsäure, Flußsäure, Salpetersäure, Schwefelsäure — einzeln oder in Kombination —, um die Chloro-, Fluoro-,

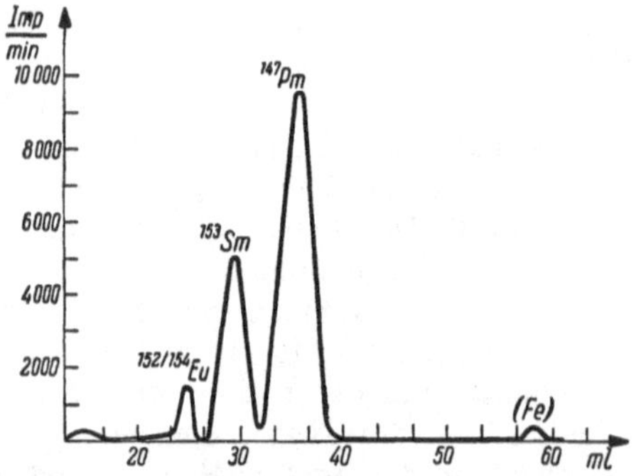

Abb. 24 Ionenaustauschtrennung Seltener Erden [20] (Elution mit 3,6%iger Milchsäure, Fluß 2 ml/h, p_H 3,47; nach 13 ml p_H 3,56; nach 40 ml p_H 3,8)

Nitrato- oder Sulfatokomplexe der Metalle an stark basischen Aminharzen zu adsorbieren [21]. Ein besonderer Vorteil besteht darin, daß man den Eluenten durch Verdünnen in seiner Komplexbildungsfähigkeit beliebig variieren kann. Beispielsweise läßt sich Uran von den meisten Spaltprodukten befreien, weil es in 6 m HCl an Wofatit SBW (stark basisches Polystyrolharz) als Chlorokomplex adsorbiert wird, während Spaltprodukte wie Cäsium, Strontium, Barium und die Seltenen Erden durchlaufen. Anschließend wird mit verdünnter Salzsäure das Uran eluiert.

Vor allem werden die organischen Austauschharze beim Ionenaustausch angewendet. Jedoch gewinnt man in jüngster Zeit erneut Interesse an synthetischem anorganischem Austauschmaterial, da für den Einsatz in der chemischen Kerntechnik die organischen Harze vielfach nicht genügend strahlungs- und temperaturbeständig sind. Besonders die auf der Basis von Zirkonphosphatgelen gewonnenen anorganischen Kationenaustauscher scheinen sich für diesen Zweck zu bewähren, da sie neben ihrer Strahlungs- und Hitzebeständigkeit große Kapazitäten (1 bis 5 mval/g) und sehr gute chemische Widerstandsfähigkeit aufweisen.

3.14 Extraktion

Die Verteilung eines Stoffes zwischen zwei nicht mischbaren Lösungsmitteln gehorcht dem Nernstschen Verteilungssatz,

$$\frac{C_2}{C_1} = \frac{\text{Konz. d. Komponente i. d. organischen Phase}}{\text{Konz. d. Komponente i. d. wässerigen Phase}} = k,$$

d. h., das Verhältnis der Konzentrationen des Stoffes in beiden Phasen ist eine Konstante, vorausgesetzt, daß das Gleichgewicht vollständig eingestellt ist, der gelöste Stoff in beiden Phasen den gleichen Molekularzustand besitzt und nahezu ideal verdünnt ist und die beiden Phasen selbst sich nicht ineinander lösen.

Der Extraktionsmechanismus hängt von der Art der verwendeten organischen Phase ab. In Äthern und Alkoholen tritt beispielsweise *Ionenpaarextraktion* auf, während neutrale phosphororganische Verbindungen von der Art des Tributylphosphats das Metall als *Neutralkomplex* extrahieren. Bei den sauren phosphororganischen Verbindungen kann man von einem *flüssigen Kationenaustausch* sprechen, wobei der Austauscher in der organischen Phase gelöst ist; dementsprechend liefern die in der organischen Phase gelösten Amine (z. B. Trilaurylamin) einen dem Anionenaustausch ähnlichen Extraktionsvorgang.

Ein besonderer Extraktionsmechanismus liegt vor, wenn bestimmte Komplexbildner, wie z. B. Thenoyltrifluoraceton (TTA), das zu extrahierende Metall durch Chelatbildung in die organische Phase zwingen (*Chelatextraktion*).

Die Größe des Verteilungskoeffizienten hängt außer von der Art und Zusammensetzung der beteiligten Lösungsmittel auch von dem p_H-Wert ab (z. B. bei den *flüssigen Ionenaustauschern* und der *Chelatextraktion*) und in geringem Maße von der Temperatur. Von der Menge der beiden Phasen dagegen ist der Verteilungskoeffizient unabhängig.

Zur Ermittlung des optimalen Extraktionsaufwandes (d. h. der Anzahl von Einzelstufen und der erforderlichen Lösungsmittelmenge für einen gewünschten Reinigungsgrad) bedient man sich rechnerischer oder graphischer Methoden (z. B. des Thiele-McCabe-Diagramms [22]).

Eine besondere Wirkung bei der Extraktion haben Aussalzeffekte. Darunter versteht man die Erhöhung des Verteilungskoeffizienten eines extrahierbaren Stoffes unter dem Einfluß nichtextrahierbarer Salze. Man kann diese Erscheinung auf die Wirkung gleichioniger Zusätze nach dem Massenwirkungsgesetz (z. B. Extraktion von Uranylnitrat in Gegenwart von Aluminiumnitrat als Aussalzmittel) zurückführen. Der als *Setschenow-Aussalzeffekt* bezeichnete Vorgang beruht darüber hinaus auf der Erhöhung des Aktivitätskoeffizienten der extrahierbaren Form in der wässerigen Phase unter der Wirkung des Elektrolytzusatzes. Zu seiner Erklärung stellt man sich vor, daß die Verringerung der Konzentration des freien Wassers durch Zugabe eines wasserbindenden Salzes (oder einer Säure) eine scheinbare Erhöhung der Konzentration des zu extrahierenden Stoffes bewirkt.

Für die Radiochemie haben Extraktionstrennungen vor allem deshalb große Bedeutung, weil die Verteilung gewichtsloser Mengen im allgemeinen der Verteilung wägbarer Mengen gleich ist. Den experimentellen Nachweis der Gültigkeit des Nernstschen Verteilungssatzes für trägerfreie Radioisotope haben GRAHAME und SEABORG [23] erbracht. Sie untersuchten die Verteilung von $^{67/68}$Ga zwischen 6 m Salzsäure und Äther im Konzentrationsbereich von 10^{-3} bis 10^{-12} m und fanden auch in diesem Gebiet den Nernstschen Satz bestätigt. Abweichungen treten dann auf, wenn z. B. der Stoff durch Radiokolloidbildung an der

Phasengrenzfläche angereichert wird oder sein chemischer Zustand von der Verdünnung abhängt (z. B. Dissoziation).

Ein Nachteil der Extraktion für die Radiochemie besteht in der Strahlungsempfindlichkeit vieler Extraktionsmittel, die sich allerdings erst bei sehr hohen Intensitäten bemerkbar macht, wie z. B. bei der extraktiven Trennung bestrahlter Kernbrennstoffe. Auch dann überwiegen noch ihre Vorteile, vor allem die Klarheit in den theoretischen Verhältnissen und die relativ einfache praktische Durchführung bei hoher Trennwirkung. Es waren besonders die sehr intensiven Extraktionsuntersuchungen für die Trennung von Uran, Plutonium und Spaltprodukten, die einen großen Beitrag zum Verständnis der Extraktionsmechanismen lieferten. Die extraktive Aufarbeitung bestrahlter Kernbrennstoffe wurde auch die wichtigste Anwendung der Extraktion in der Radiochemie.

3.15 Papierchromatographie

Eine Kombination von Extraktions- und Ionenaustauschvorgängen liegt der in der Radiochemie häufig angewendeten Papierchromatographie zugrunde. Man bringt das zu trennende Radioisotopengemisch in einem kleinen Tropfen auf einen geeigneten Cellulosestreifen und läßt ein Lösungsmittel in dem Papierstreifen aufwärts oder abwärts (Abb. 25) wandern.

Infolge der verschiedenen Verteilungskoeffizienten der zu trennenden Stoffe zwischen der „wässerigen Phase" (wasserhaltige Cellulosefasern) und der „organischen Phase" (das in den Papierkapillaren aufsteigende Lösungsmittel) erfolgt eine sich ständig wiederholende Extraktionstrennung im wandernden Lösungsmittel und der stationären „wässerigen Phase". Daneben spielen auch Adsorptions- und Ionenaustauschvorgänge an den Carboxylgruppen der Cellulose eine Rolle, besonders bei der Trennung stark polarer Substanzen.

Die Substanz mit der geringsten Affinität zum wandernden Lösungsmittel bleibt am Startpunkt sitzen, während die anderen Komponenten je nach ihrer Wanderungsgeschwindigkeit eine für die gewählten Arbeitsbedingungen

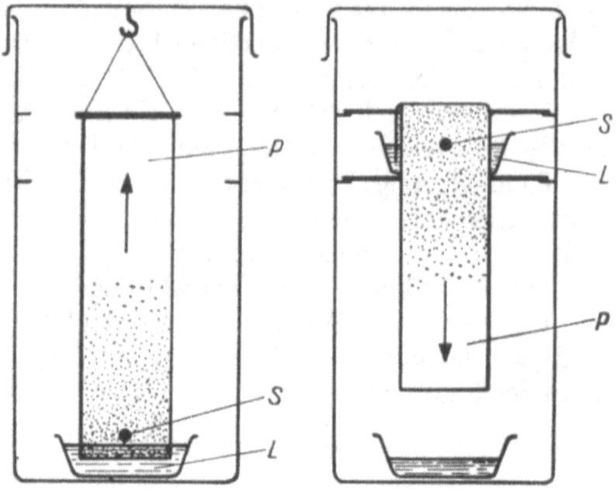

Abb. 25 Aufsteigende und absteigende Papierchromatographie
P = Papierstreifen, S = Substanzlösung,
L = Elektrolytlösung, E = Elektroden

charakteristische Strecke auf dem Papier zurücklegen. Als Maß dieser Wanderungsgeschwindigkeit wird der Retentionsfaktor (R_f-Wert) angegeben.

$$R_f = \frac{\text{Weg vom Startpunkt zum Fleckenmittelpunkt}}{\text{Weg vom Startpunkt zur Lösungsmittelfront}} .$$

Läßt man den Papierstreifen mit den verschieden weit gewanderten Radioisotopen an einem mit Schlitzblende versehenen Zählrohr vorübergleiten, so läßt sich aus der Aktivitätsverteilung sehr leicht der R_f-Wert errechnen und damit die Identifizierung erreichen. Durch Auseinanderschneiden und getrennte Extraktion oder durch Veraschung der Substanzflecke lassen sich die gereinigten Bestandteile des Radioisotopengemisches isolieren.

3.16 Destillation und Sublimation

Die Dampfdruckunterschiede von Radioisotopen können zu ihrer Trennung durch Destillation oder Sublimation benutzt werden. Eine Reihe von Nukliden sind bereits in Form ihrer Elemente leicht zu verflüchtigen, so z. B. die radioaktiven Edelgase und Halogene. Aber auch radioaktives Quecksilber, Natrium, Cäsium, Blei, Wismut, Polonium usw lassen sich durch Destillation in elementarer Form von ihren schwer flüchtigen Beimengungen trennen. Vielfältig sind die Möglichkeiten einer Verflüchtigung nach Überführen in eine leichtflüchtige Verbindung. Ein bekanntes Beispiel ist die Abtrennung von Ruthenium aus Spaltproduktgemischen durch Abdestillieren als RuO_4.

Besondere technische Bedeutung hat das Abdestillieren des Urans als UF_6 aus den fluorierten Kernbrennstoffen gewonnen. Das Verfahren dient zur Reinigung des Urans ausgebrannter Reaktorbrennstäbe von den schwer flüchtigen Spaltproduktfluoriden [24]. In ähnlicher Weise läßt sich eine Trennung von Spaltstoffen und Spaltprodukten auf der verschiedenen Flüchtigkeit ihrer Chloride aufbauen.

3.17 Elektrochemische Verfahren

Die elektrochemische Isolierung gewichtsloser Mengen von Radioisotopen verdient wegen ihrer Sauberkeit besondere Beachtung. Man kann sich normaler elektrolytischer Methoden bedienen oder eine stromlose Abscheidung des kationischen Radioelements an einem Blech aus unedlerem Metall benutzen. Beispielsweise läßt sich das Thorium C (Wismutisotop) aus salzsaurer Lösung von Thorium B (Bleiisotop) trennen, indem man in die heiße Lösung für einige Minuten ein Nickelblech eintaucht, auf dem sich das Thorium C abscheidet. Dabei hat man auf das unerwünschte Mitabscheiden von Verunreinigungen durch einfache Adsorption zu achten. Durch Zusatz inaktiver Träger von den in Frage kommenden Verunreinigungen läßt sich der Effekt unterdrücken.

Für die elektrolytische Abscheidung ist bekanntlich die Potentialdifferenz an der Grenzfläche Elektrode/Lösung maßgebend. Die Konzentrations- (bzw. Aktivitäts-)Abhängigkeit der Potentialdifferenz wird in der Nernstschen Gleichung zum Ausdruck gebracht:

$$E = E_0 + \frac{\mathrm{R}T}{n\mathrm{F}} \cdot \log C$$

Es erhebt sich die Frage, ob für die äußerst geringen Konzentrationen der trägerfreien Radioisotope die Nernstsche Formel noch gültig ist. Man hat zwar in einzelnen Fällen — z. B. für die Abscheidung von Wismut auf Gold — die Gültigkeit bis zu einer Konzentration von 10^{-16}n nachweisen können, es ist aber zu erwarten, daß bei Konzentrationen des Radioelements, die nicht mehr ausreichen, um eine monoatomare Elektrodenbedeckung zu gewährleisten, der Lösungsdruck des Metalls vom Bedeckungsgrad abhängig wird und nicht mehr als konstant angesehen werden darf. Auch ist das abgeschiedene Metall nicht von seinesgleichen umgeben, sondern es sitzt auf einer andersartigen Unterlage, so daß der Lösungsdruck von deren Affinität zum abgeschiedenen Metall abhängen wird.

Bei praktischen Trennungen allerdings spielen diese Überlegungen keine dominierende Rolle, vielmehr muß man die Erscheinung der Adsorption an den Gefäßmaterialien und die Radiokolloidbildung genügend beachten, sowie die für alle quantitativen Elektrolysen wichtige Sorgfalt beim Waschen der Elektroden nach der Abscheidung aufbringen (Gefahr mechanischer oder elektrochemischer Verluste).

Nutzt man lediglich die verschiedenen Wanderungsrichtungen und Wanderungsgeschwindigkeiten im elektrischen Feld zur Trennung von Radioisotopen aus, so wird das Arbeitsprinzip der Elektrophorese verwirklicht. In Form der Papierelektrophorese liefert diese Methode gute Ergebnisse bei der Trennung anorganischer und organischer Radioisotopengemische. Man legt an einen Papierstreifen, der von oben nach unten von einem Lösungsmittel durchströmt wird, rechts und links eine Spannung an. Gleichzeitig wird das Radioisotopengemisch kontinuierlich an einer Stelle des oberen Randes aufgegeben. Die getrennten Fraktionen können an den Zungen des unteren Randes abgenommen werden (Abb. 26). Die Leistungsfähigkeit der Methode hat sich am Beispiel der Trennung von Seltenen Erden erwiesen.

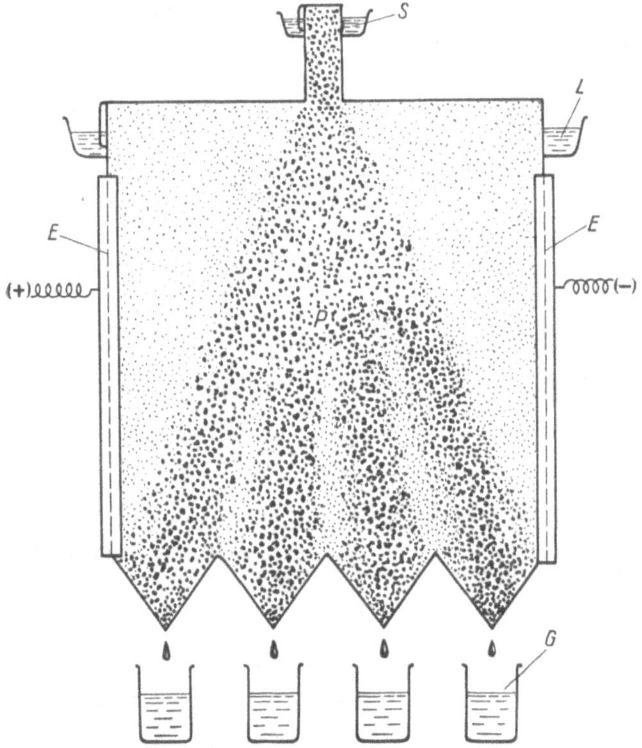

Abb. 26 Kontinuierliche Papierelektrophorese
P = Papier, S = Substanzlösung, L = Elektrolytlösung,
E = Elektroden, G = Sammelgefäße

3.18 Ultramikrochemische Methoden

Als die Notwendigkeit bestand, die ersten im Zyklotron erzeugten Mikrogrammengen Plutonium analytisch exakt zu erfassen, gelang das mit einer schon vorher in ihren Grundzügen entwickelten Analysentechnik, der Ultramikroanalyse [25].

Dieses Verfahren arbeitet mit Mengen von $\sim 1\ \mu g$ in den gleichen Konzentrationen wie die gewöhnliche Makroanalyse, verwendet also geringste Substanz- und Volumenmengen (Tab. 2).

Tab. 2 Vergleich der einzelnen Analysenbereiche bezüglich Einwaage, Analysenvolumen und Empfindlichkeit

Art der Analyse	kleinste Untersuchungsmenge (μl)	kleinste Einwaage (μg)	kleinste zu bestimmende Menge	Reduktionsfaktor
Makroanalyse	1000	10^5	10	10^{-2} vom Makroverfahren
Mikroanalyse	10	10^3	10^{-2}	10^{-3} vom Mikroverfahren
Ultramikroanalyse	10^{-3}	1	10^{-3}	10^{-5} vom Makroverfahren

Ultramikrochemische Methoden haben sich deshalb besonders bei der Analytik von Actiniden und Radioelementen hoher spezifischer Aktivität bewährt, weil man einerseits durch Verringerung der Analysenmenge um den Faktor 10^5 bis 10^6 die Strahlung der Probe um den gleichen Faktor verringert und somit in das Strahlungsniveau kommt, in dem ein Arbeiten ohne besondere Schutzvorrichtungen möglich ist, und andererseits kann man die Methoden der Makroanalyse in den Ultramikromaßstab übertragen, weil alle Konzentrationen unverändert bleiben. Daß man nur Mikrogrammengen der Substanz einzusetzen braucht, fällt besonders bei kostspieligen oder seltenen Präparaten ins Gewicht.

Selbstverständlich erfordert die Ultramikroanalytik Einrichtungen, die das Arbeiten mit derartig geringen Substanz- und Volumenmengen ermöglichen. Die Hände des Operateurs werden mit Hilfe geeigneter Mikromani-

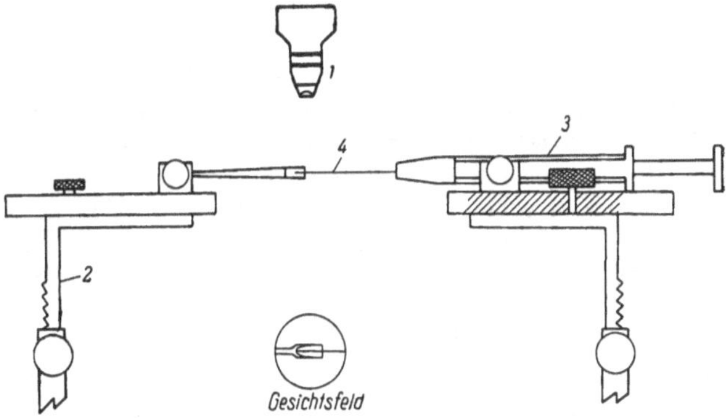

Abb. 27 Pipettiereinrichtung für Ultramikroanalyse [26]
1 = Binokular, 2 = Mikromanipulator, 3 = 0,5-ml-Spritze zur Betätigung einer Pipette,
4 = Mikropipette (Füllvolumen 0,1 · 10^{-3} ml/cm Länge)

pulatoren in die Lage versetzt, feinste Bewegungen auszuführen, und das Auge muß durch ein Mikroskop verstärkt werden. Als „Bechergläser“ dienen feine Kapillaren, und Wägeoperationen werden mit Hilfe einer Quarzfaden-Ultramikrowaage ausgeführt, die bei maximaler Belastung (25 mg) eine Empfindlichkeit von ca $2 \cdot 10^{-8}$g erreicht. Alle Filtrationen werden durch Zentrifugieren ersetzt. Neben Titrationen haben sich vor allem elektrochemische Methoden in der Ultramikroanalyse bewährt (Coulometrie, Amperometrie, Potentiometrie). Experimentelle Einzelheiten beschreibt HELBIG [27].

3.2 Die natürlichen Radioelemente

3.21 Uran

Das Uran entspricht in seiner Häufigkeitsverteilung innerhalb der Erdkruste dem Kupfer, kommt aber meistens nur in sehr geringen Konzentrationen vor. Die wichtigsten Uranmineralien sind die Pechblende (U_3O_8) und der Carnotit $KUO_2[VO_4] \cdot 1\,^1/_2\,H_2O$.

Die beiden wichtigsten Methoden zur Erzaufarbeitung bestehen im Auslaugen des zerkleinerten Materials mit Schwefelsäure oder mit Soda. Jede dieser Methoden hat gewisse Vorteile bei der Anwendung auf spezielle Erze. In den meisten Erzaufarbeitungsfabriken wird jedoch das saure Auslaugen verwendet. Tabelle 3 zeigt eine typische Zusammensetzung einer solchen schwefelsauren Erzlauge (Kanada) [28].

Die Isolierung des Urans aus dem so gewonnenen Konzentrat erfolgte früher durch Fällungsverfahren, die aber durch Ionenaustausch- und Extraktionsprozesse verdrängt werden. Für den Ionenaustausch in sehr verdünnter Schwefelsäure werden stark basische Anionite, z. B. vom

Tab. 3 Zusammensetzung der schwefelsauren Lösung einer Uranerzauslaugung [28]

Bestandteil	Konzentrationsbereich (g/l)
U	0,5 – 2
Fe	0,5 – 10
Al	0,5 – 10
PO_4^{3-}	0 – 5
Cl^-	0 – 15
SiO_2	0 – 2
V	0 – 4
Th	0 – 0,3
Mo	0 – 0,5

Darüber hinaus Se, Ti, Co, Ni, Mg, Ca, Na, K u. a.
$p_H = 0{,}2 - 1{,}5$, Sulfatkonzentration. 0,2 – 1,2 m.

Typ Wofatit SBW verwendet; für die Solventextraktion setzt man vornehmlich langkettige Alkylamine oder Dialkylphosphorsäuren bzw. Alkylphosphorsäuren ein.

Zur Herstellung des Metalls wird das Urantetrafluorid mit Calcium oder Magnesium reduziert.

$$UF_4 + 2\,Ca \rightarrow U + 2\,CaF_2\,.$$

Das metallische Uran schmilzt bei 1133 °C und erleidet beim Erhitzen bis zum Schmelzpunkt zwei Phasenumwandlungen (bei 668 °C und bei 774 °C), die vor allem die Stabilität von Uranbrennstäben in Leistungsreaktoren beeinflussen.

α-Phase——668 °——	β-Phase——774°——	γ-Phase——	1133 °C
(orthorhombisch)	(tetragonal)	(kubisch-raumzentriert)	(Smp)

In der α-Phase bearbeitetes Uran dehnt sich vorzugsweise in der Bearbeitungsrichtung aus. Dieser Effekt wird umgangen, wenn man das Uran in der β-Phase oder pulvermetallurgisch bearbeitet.

In seinem chemischen Verhalten ähnelt das metallische Uran dem Eisen, besitzt aber im Vergleich zu diesem ein sehr hohes spezifisches Gewicht (18,95). Es tritt in seinen Verbindungen zwei-, drei-, vier-, fünf- und sechswertig auf, am beständigsten sind die Verbindungen des sechs- und des vierwertigen Urans.

Von den Oxyden UO_2, U_3O_8 und UO_3 hat das UO_2 basischen und das UO_3 sauren Charakter, während das U_3O_8 als Uran(IV)-uranat $U[UO_4]_2$ aufgefaßt werden kann. Es bildet sich stets beim Glühen von Uranoxyden an der Luft oberhalb 700 °C.

Von den wasserfreien Halogeniden des vier- und sechswertigen Urans haben UCl_4 (Sblp 618 °C), UBr_4, UJ_4 sowie UF_6 (Sblp 56,4 °C) einen sehr hohen Dampfdruck. Sie sind alle sehr hygroskopisch. Von der Leichtflüchtigkeit des UF_6 macht man in den Gasdiffusionstrennanlagen Gebrauch, um das zu 0,7% im natürlichen Uran enthaltene Isotop ^{235}U zu isolieren.

Die bekanntesten Verbindungen des sechswertigen Urans sind das Nitrat $UO_2(NO_3)_2 \cdot 6\,H_2O$ (wichtig für alle Extraktionstrennungen), das Sulfat $UO_2SO_4 \cdot 3\,H_2O$ (wichtig für Ionenaustauschtrennungen) und das Chlorid UO_2Cl_2. In wässeriger Lösung zeigen diese Verbindungen die gelbe Farbe des Uranylions. Von Bedeutung für die analytische Abtrennung und die Erzaufarbeitung ist auch die Komplexbildung mit überschüssigem Carbonat als $(NH_4)_4[UO_2(CO_3)_3]$. In alkalischer Lösung bilden sich gelbe bis gelbbraune, wasserunlösliche Uranate (Mono-, Di- und Triuranat, allgemein $Na_2U_nO_{3n+1}$). Mit H_2O_2 kann man aus saurer Lösung (bis p_H 0,5) als hellgelbe unlösliche Verbindung ein Uranperoxyd $UO_4 \cdot 2\,H_2O$ ausfällen.

Nach dem spektrometrisch ermittelten Bau seiner Elektronenhülle dürfte das Uran nicht als Homologes des Wolframs aufgefaßt werden, sondern als Element der Actinidengruppe.

Die Analytik des Urans hat sich in den letzten Jahren außerordentlich entwickelt. Die älteste, gravimetrische Methode zur quantitativen Uranbestimmung gründet sich auf die Ausfällung des Ammoniumdiuranats $(NH_4)_2U_2O_7$ und dessen Verglühen zu U_3O_8, das die geeignetste Wägeform darstellt. Maßanalytische Verfahren benutzen die oxydimetrische Titration des vorher in den vierwertigen Zustand überführten Urans zum sechswertigen Uran, z. B. mit eingestellter $KMnO_4$-Lösung. Eine sehr empfindliche Methode (Konzentrationen von $1 \cdot 10^{-8}$ Mol bis $5 \cdot 10^{-5}$ Mol [42]) ist die polarographische Bestimmung des Urans.

Eine besonders empfindliche kolorimetrische Uranbestimmung benutzt die Komplexbildung mit Arsenazofarbstoffen [29].

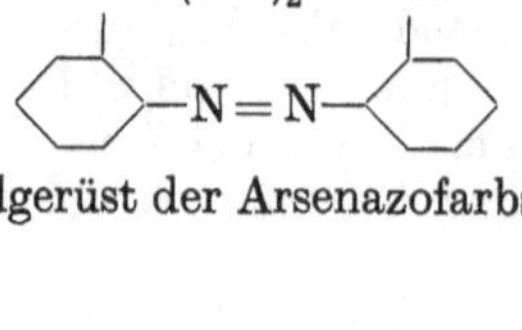

Grundgerüst der Arsenazofarbstoffe

Die Komplexbildung mit dem Uran, die gleichzeitig einen Farbumschlag von Rot nach Blau mit sich bringt, erfolgt über die beiden OH-Gruppen der Arsenazogruppe. Die Nachweisgrenze liegt bei 1 bis 5 μg Uran/ml. Störende Fremdsalze müssen vorher entfernt werden. Gut reproduzierbare Werte erhält man, wenn die Säuren und Ammoniumsalze vorher mit HNO_3 abgeraucht werden und der Rückstand mit 0,01 m HNO_3 aufgenommen wird.

Als empfindlichste Methode gilt die Lumineszenzanalyse. Spuren von 10^{-9} bis 10^{-10} g Uran sind noch in der Lage, Natriumfluorid, das normalerweise nicht fluoresziert, unter der Einwirkung von ultraviolettem Licht zum Fluoreszenzleuchten anzuregen. Mit Hilfe eines visuellen Photometers oder auf photoelektrischem Wege (Photozelle mit Sekundärelektronenvervielfacher) läßt sich die Fluoreszenz quantitativ erfassen.

Für die radiometrische Bestimmung des Urans können drei natürliche α-Strahler verwendet werden: ^{238}U, ^{234}U, ^{235}U. Die Messung wird aber durch radioaktive Verunreinigungen aus den natürlichen Zerfallsreihen erschwert. Außerdem ist die Intensität nicht sehr groß. Deshalb wird die radiometrische Uranbestimmung wesentlich erleichtert, wenn künstliche radioaktive Isotope wie ^{233}U zur Verfügung stehen, die eine ausreichende Intensität aufweisen.

Wenn sich das Uran im Gleichgewicht mit seinen natürlichen Zerfallsprodukten befindet, wie z. B. in Mineralien von Erzlagerstätten, läßt sich das Uran nach der Emaniermethode bestimmen.

3.211 Zerfallsreihen

Von den letzten zwölf in der Natur vorkommenden Elementen des Periodensystems, Thallium (Nr 81) bis Uran (Nr 92), existieren radioaktive Isotope, die sich innerhalb von drei Zerfallsreihen in einen genetischen Zusammenhang bringen lassen, die Uran-Radium-, die Actinium- und die Thorium-Reihe. In allen Zerfallsreihen sind Bleiisotope

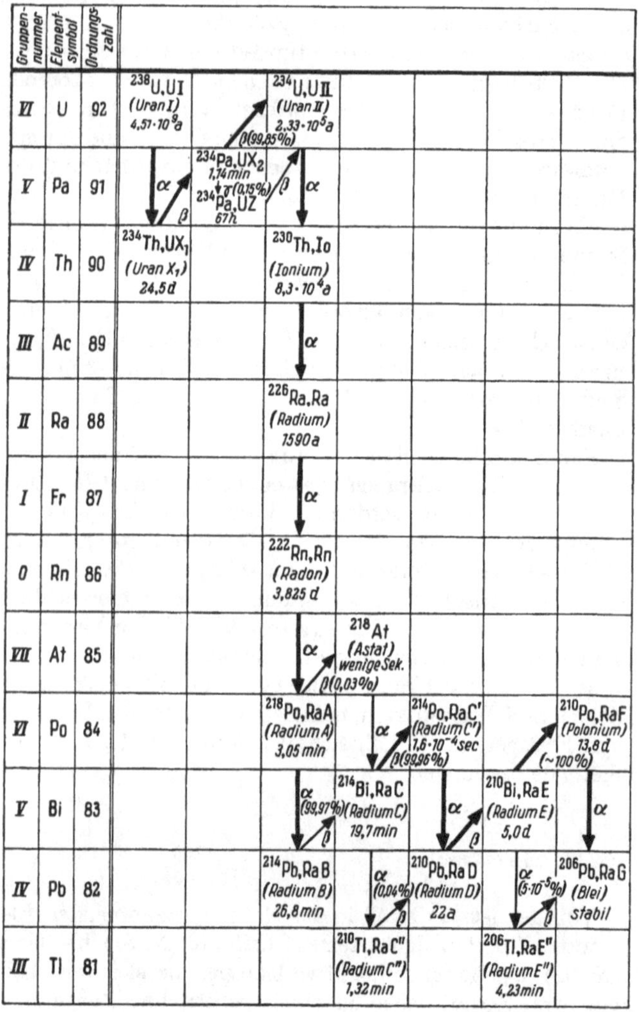

Abb. 28 Uran-Radium-Zerfallsreihe

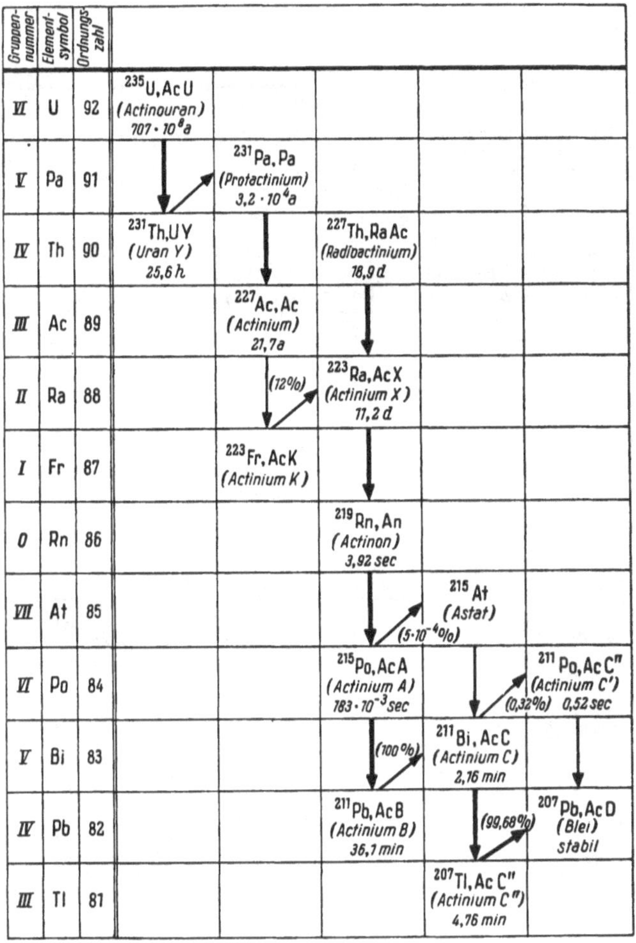

Abb. 29 Actinium-Zerfallsreihe

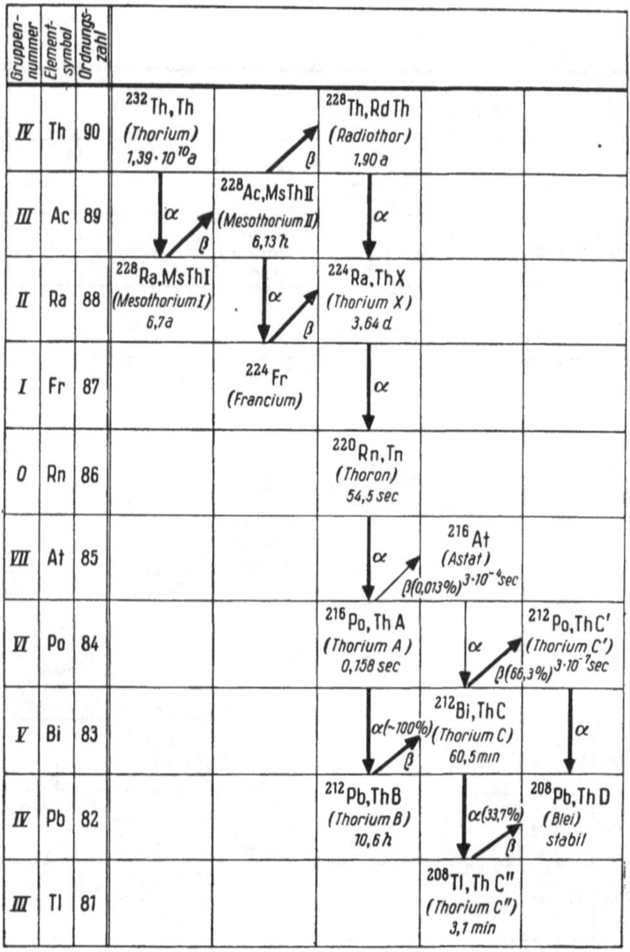

Abb. 30 Thorium-Zerfallsreihe

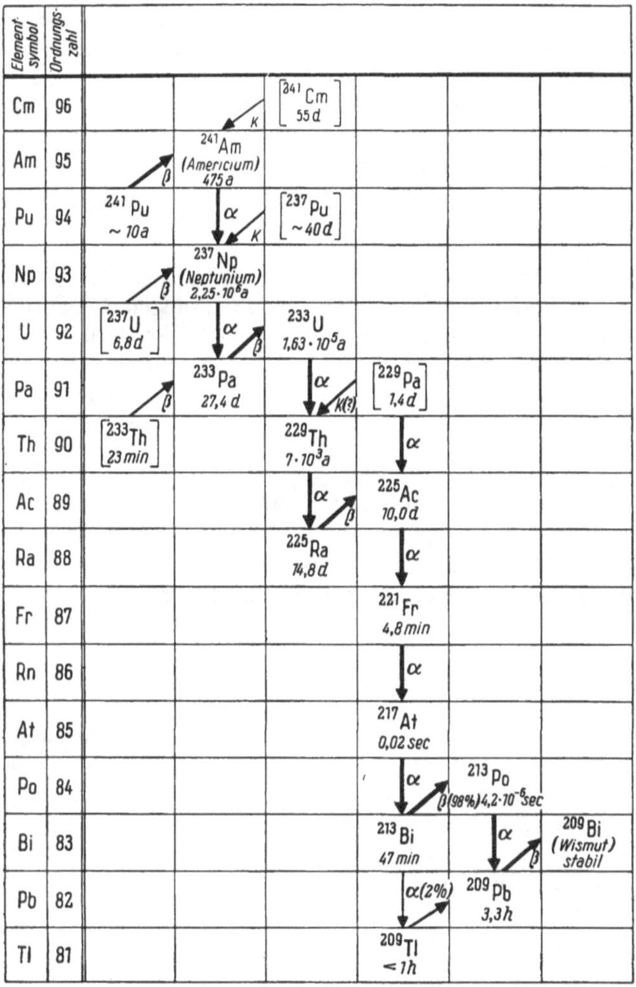

Abb. 31 Neptunium-Zerfallsreihe

(^{206}Pb, ^{207}Pb, ^{208}Pb) das stabile Endglied. Unter Aussendung eines α-Teilchens wandeln sich die Anfangsglieder der Reihen in ein Element mit einer um vier Einheiten verringerten Massenzahl und einer um zwei Einheiten verringerten Ordnungszahl um, d. h., das Tochterisotop steht im Periodensystem um zwei Plätze nach links verschoben. Tritt dann ein β-Zerfall ein, so ändert sich die Massenzahl nicht, dagegen ist der Platz des Tochterisotops um einen Platz nach rechts versetzt (Fajans-Soddyscher Verschiebungssatz).

Die Massenzahlen der Einzelglieder in den drei natürlichen Zerfallsreihen kann man durch die allgemeine Formel $4n + 3$ (Actiniumzerfallsreihe), $4n + 2$ (Uranzerfallsreihe) und $4n + 0$ (Thoriumzerfallsreihe) ausdrücken. Die dazwischen noch mögliche Reihe mit den Massenzahlen $4n + 1$ existiert zwar in der Natur nicht, wird aber als Neptuniumzerfallsreihe von den künstlich dargestellten Actiniden Curium (96) bis Neptunium (93) abgeleitet. Sie endet mit dem stabilen Isotop ^{209}Bi.

In der Neptuniumzerfallsreihe beobachtet man außer den in den drei natürlichen Reihen auftretenden Zerfallsarten (α, β) auch den K-Einfang (s. Abschn. 2.113).

3.22 Radium

Das von M. und P. Curie erstmalig aus der Joachimstaler Pechblende abgetrennte Radium ist ein Homologes des Bariums und unterscheidet sich von diesem durch geringere Löslichkeit seiner Salze. Bei der Aufarbeitung verfährt man so, daß zunächst durch Schwefelsäureaufschluß das Uran als UO_2SO_4 entfernt wird, während Radium und Barium als schwerlösliche Sulfate im Rückstand verbleiben. Daraus führt man sie durch Sodaaufschluß in Carbonate über, die in HBr gelöst werden. Das $BaBr_2$-$RaBr_2$-Gemisch wird durch fraktionierte Kristallisation getrennt.

Metallisches Radium läßt sich durch Elektrolyse einer $RaCl_2$-Lösung an einer Quecksilberkathode gewinnen. Aus dem Radiumamalgam wird das Radium durch Destillation isoliert (Smp 960 °C, spezifisches Gewicht 6).

Die selbstleuchtenden Radiumsalze zersetzen sich allmählich unter der Einwirkung ihrer eigenen Strahlung.

Außer dem in der Uran-Zerfallsreihe entstehenden Isotop $^{226}_{88}Ra$ mit der Halbwertszeit von 1590 Jahren, das vorwiegend bei der Geschwulstbekämpfung eingesetzt wird, treten auch in den beiden anderen natürlichen Zerfallsreihen Ra-Isotope auf, die von Interesse sind. In der Thoriumreihe entsteht durch α-Zerfall des $^{232}_{90}Th$ das $^{228}_{88}Ra$ (Mesothorium I), ein β-Strahler mit der Halbwertszeit von 6,7 Jahren. Man gewinnt es aus dem Thorium über das leicht lösliche $Ra(OH)_2$ und verwendet es in der Leuchtstoffindustrie. Das zweite in der Thoriumzerfallsreihe auftretende Radiumisotop ist das $^{224}_{88}Ra$ (Thorium X), ein α-Strahler mit der Halbwertszeit von 3,64 Tagen, der aus dem $^{228}_{90}Th$ (Radiothorium) durch α-Zerfall gebildet wird. Die Isolierung des $^{224}_{88}Ra$ (Th X) aus dem $^{228}_{90}Th$ (Rh Th) erfogt nach der Rückstoßmethode. Dieses Verfahren wird häufig in der Radiochemie zur Isolierung von Zerfallsprodukten angewendet.

Die bei einem Zerfall auftretenden Teilchen, z. B. α-Teilchen und Rückstoßkern, müssen nach dem Impulserhaltungssatz beide mit dem gleich großen, aber entgegengesetzten Impuls auseinanderfliegen

$$m_1 v_1 = m_2 v_2 .$$

Geht man zu den Energien über und setzt $^1/_2 \cdot m_1 v_1^2 = E_1$ bzw $^1/_2 \cdot m_2 v_2^2 = E_2$, so ergibt sich, daß die Energien der auseinanderfliegenden Teilchen umgekehrt proportional zu ihren Massen sind:

$$\frac{E_1}{E_2} = \frac{m_2}{m_1} .$$

Nehmen wir beispielweise den α-Zerfall des $^{228}_{90}Th$ (Rd Th), so wird ein α-Teilchen mit einer Energie von 5,42 MeV pro Zerfallsakt ausgesendet. Danach ergibt sich für die Energie des neu entstandenen Rückstoßatoms

$$E_1 = E_2 \cdot \frac{m_2}{m_1} = 5{,}42 \cdot \frac{4}{224} = 0{,}097 \text{ MeV};$$

d. h., das $^{224}_{88}$Ra (Th X) besitzt nach dem Zerfall eine Energie von 97 keV. Da die chemische Bindungsenergie in der Größenordnung von $\sim$ 5 eV liegt und die Verdampfungswärme pro Atom $\sim$ 0,3 eV beträgt, kann sich der Atomrumpf also ohne weiteres aus dem Gitterverband des Radiothors lösen und in den umgebenden Raum eindringen. Außerdem wird der Atomrumpf des neu entstandenen Th X stark ionisiert sein, da das aus dem Kern herausfliegende α-Teilchen aus der Atomhülle Elektronen herausschlägt. Die positiven Atomrümpfe können bei Anlegen einer genügenden Potentialdifferenz (1000 V) auf einer Elektrode aufgefangen werden.

Nach der gleichen Methode des Atomrückstoßes läßt sich auch das in der Actinium-Reihe auftretende Radiumisotop $^{223}_{88}$Ra (Ac X), ein α-Strahler mit 11,2 Tagen Halbwertszeit, isolieren.

Die analytische Bestimmung des Radiums erfolgt ausschließlich auf radiometrischem Wege. Man kann sowohl die α- als auch die γ-Aktivität zur Messung heranziehen.

3.221 Emaniermethode

Neben der chemischen Abtrennung des Radiums aus der zu untersuchenden Substanz und nachfolgender Ausmessung bedient man sich auch vielfach der sogenannten Emaniermethode zur Bestimmung des Radiums.

Die Emaniermethode beruht auf der Austreibung des Edelgases Radon, von dem die drei Isotope $^{222}_{86}$Rn (Radon), $^{220}_{86}$Rn (Thoron) und $^{219}_{86}$Rn (Actinon) in den entsprechenden drei Zerfallsreihen auftreten. Außer zur quantitativen Bestimmung ihrer Muttersubstanzen $^{226}_{88}$Ra, $^{224}_{88}$Ra(Th X) und $^{223}_{88}$Ra (Ac X) kann man die Emaniermethode auch zur Bestimmung anderer Elemente der Zerfallsreihe, z. B. von Uran, Thorium oder Actinium verwenden, falls sie sich noch im radioaktiven Gleichgewicht befinden (Mineralien). Je nachdem, ob man Radon, Thoron oder Actinon bestimmen will, muß man die Methode auf die Halbwertszeit des zu messenden Isotops einstellen, da Radon mit einer Halbwertszeit von 3,825 Tagen noch bequem gemessen werden kann, während das kürzerlebige Thoron ($\tau = 54{,}5$ sec) oder

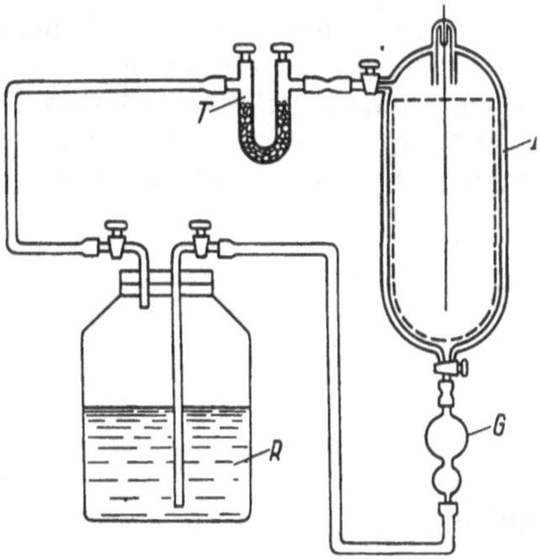

Abb. 32 Anordnung zur Radonbestimmung
R = Radonlösung, T = Trockenröhrchen,
I = Ionisationskammer, G = Gummibällchen

gar das Actinon ($\tau = 3{,}9$ sec) schwierig zu erfassen sind. Das Radon kann beispielsweise zur Bestimmung des Radiumgehaltes aus der aufgelösten Probe nach der in Abbildung 32 dargestellten Zirkulationsmethode gemessen werden.

Man läßt mit Hilfe des Gummibällchens (G) die Luft etwa 15 Minuten lang innerhalb eines Kreislaufes zirkulieren, in dem sich die Lösung (R) und eine Ionisationskammer (I) befinden. Das Radon wird ausgetrieben und gleichmäßig im Gasraum verteilt. Dann wird die Ionisationskammer abgesperrt und drei Stunden gewartet, bis sich das radioaktive

Gleichgewicht mit den kurzlebigen Folgeprodukten des Radons eingestellt hat. Das Meßergebnis wird mit dem einer Eichprobe verglichen. Man erreicht eine Empfindlichkeit bis zu 10^{-12} g Ra bei $\pm$ 2% Genauigkeit.

Die Emaniermethode wurde von HAHN zu einem vielseitigen Verfahren in der Festkörperuntersuchung entwickelt. Da bei festen Substanzen die Austrittsmöglichkeit des Edelgases von der Größe der zur Verfügung stehenden Oberfläche abhängt, läßt sich so die Oberfläche von festen Stoffen bestimmen, in die eine bekannte Menge eines Radiumisotops eingebaut wurde. Ebenso lassen sich Gitteränderungen beim Erhitzen, Rekristallisationen oder chemische Reaktionen von Festkörpern an der Änderung des Emaniervermögens des eingebauten Radiums erkennen.

3.23 Thorium

Das Thorium ist mit 0,002% an der Zusammensetzung der Erdrinde beteiligt, kommt aber nur selten in angereicherter Form vor. Es wird aus dem Monazitsand, einer Mischung von Phosphaten des Thoriums und der Seltenen Erden, durch Schwefelsäureaufschluß gewonnen.

Tab. 4 Zusammensetzung von Monazitsandkonzentraten (%) [30]

Bestandteil	Brasilien	Indien	Florida (USA)
ThO_2	6,5	9,8	3,1
U_3O_8	0,17	0,29	0,47
$(SE)_2O_3$	59,2	58,6	40,7
Ce_2O_3	26,8*	27,2*	–
P_2O_5	26,0	30,1	19,3
Fe_2O_3	0,51	0,8	4,47
TiO_2	1,75	0,4	–
SiO_2	2,2	1,7	8,3

* ist schon im $(SE)_2O_3$ enthalten

Nach einem neueren Verfahren werden die Monazitsandkonzentrate mit heißer konzentrierter Natronlauge aufgeschlossen und die dabei anfallenden Oxydhydrate abfiltriert und in 37%iger Salzsäure gelöst.

Die Vergesellschaftung mit den Seltenen Erden in den Mineralien weist auf die chemische Verwandschaft zu den Lanthaniden hin. Thorium unterscheidet sich von ihnen durch die Schwerlöslichkeit seiner Jodatverbindung und durch die Fähigkeit, mit überschüssigem Oxalat komplex in Lösung zu gehen. Außerdem tritt es in seinen Verbindungen nur vierwertig auf.

Das Thorium hat als Brutmaterial für den Kernbrennstoff ^{233}U Bedeutung gewonnen:

$$^{232}_{90}Th\ (n, \gamma)\ ^{233}_{90}Th \xrightarrow{H\beta} {}^{233}_{91}Pa \xrightarrow{\beta} {}^{233}_{92}U$$

Von den in den natürlichen Zerfallsreihen auftretenden radioaktiven Thoriumisotopen ist besonders das $^{234}_{90}Th$

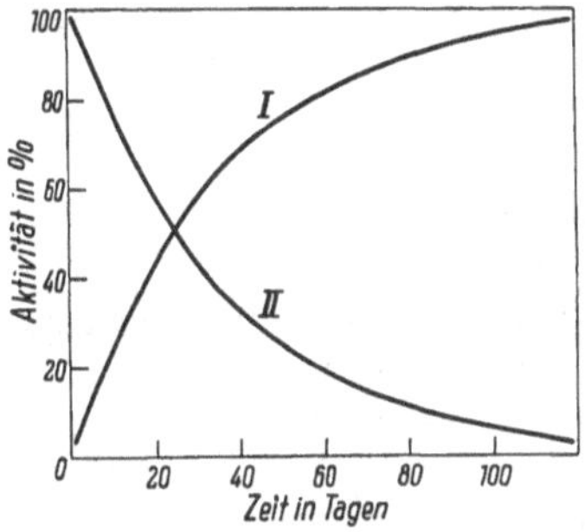

Abb. 33 I Anreicherung von UX_1 in der Muttersubstanz Uran, II Zerfall des reinen, abgetrennten UX_1

(UX_1), ein β-Strahler mit 24,5 Tagen Halbwertszeit, von Interesse, da es bei chemischen Untersuchungen oft als trägerfreies Radioisotop des Thoriums eingesetzt wird. Es entsteht aus dem $^{238}_{92}U$ durch α-Zerfall. Seine Anreicherung im Uran sowie den Zerfall des reinen Isotops zeigt Abbildung 33.

Zur Isolierung des UX_1 schüttelt man festes $UO_2(NO_3)_2 \cdot 6\,H_2O$ mit wasserhaltigem Äther. Das Uranylnitrat löst sich im Äther; das Kristallwasser bildet eine wässerige Phase, welche das UX_1 enthält. Von Uranresten befreit man es durch ammoniakalische Mitfällung an Eisenhydroxyd-Träger, von dem man das Uran durch überschüssige Ammoniumcarbonatlösung herunterlöst, während das UX_1 am $Fe(OH)_3$ verbleibt. Das Eisen kann man vom UX_1 durch Ausäthern mit salzsäuregesättigtem Äther entfernen.

Die analytische Bestimmung des Thoriums verwendet Fällungsmethoden (Fällung als Hydroxyd, Oxalat, Jodat, Peroxyd), die alle als Wägeform das durch Glühen bei 1100 bis 1200 °C erhältliche Thoriumoxyd benutzen. Für die kolorimetrische Bestimmung des Thoriums in geringen Mengen (5 bis 100 μg) eignet sich die 2-[2-Arsenobenzolazo]-1.8-dioxynaphthalindisulfonsäure-(3,6).

Die radiometrische Bestimmung des Thoriums bedient sich des Radiothors (α-Messung), der Emaniermethode (Thoronbestimmung) oder der meßtechnisch einfachen β-Bestimmung des zugesetzten UX_1.

3.24 Protactinium

Das Element Protactinium tritt als Zwischenprodukt $^{231}_{91}Pa$ (α-Strahler, $\tau = 3{,}2 \cdot 10^4$ a) in der Actiniumzerfallsreihe auf. Das sehr kurzlebige UX_2 ($^{234}_{91}Pa$, $\tau = 1{,}14$ min) ist ein Protactiniumisotop der Uranzerfallsreihe, während in der Neptuniumzerfallsreihe das $^{233}_{91}Pa$ als β-Zerfallsprodukt des $^{233}_{90}Th$ gebildet wird, das mit 27,4 Tagen Halbwertszeit unter β-Emission zum $^{233}_{92}U$ zerfällt. Die Protactiniumchemie interessiert deshalb bei der Herstellung des Spaltstoffes ^{233}U im Thoriumbrutreaktor und bei dessen Abtrennung durch Solventextraktion.

Das $^{231}_{91}Pa$ kann aus Uranmineralien gewonnen werden. Man isoliert es gewöhnlich bei der Aufarbeitung von Pechblende aus den Rückständen der Ra-Gewinnung. Auf 1 t Erz erhält man 100 bis 200 mg Protactinium. Seine Abtrennung kann unter Benutzung von Tantal, Titan oder Zirkon als Trägermaterial erfolgen. Durch Extraktion mit

Thenoyltrifluoraceton oder Tributylphosphat sowie durch Ionenaustausch an Anioniten in Gemischen von Salz- und Flußsäure läßt es sich von den Trägersubstanzen befreien.

Das Protactiniumperoxyd zeigt stärker basische Eigenschaften als das Tantalpentoxyd. Mit Zinkamalgam, Cr^{2+} oder Ti^{3+} läßt sich Pa^{5+} zu Pa^{4+} reduzieren.

Zur analytischen Bestimmung verwendet man ausschließlich seine α-Aktivität.

3.25 Actinium

Das Element Actinium wird als Anfangsglied der Actinidenreihe in den Seltenen Erden gefunden, die aus Uranmineralien abgetrennt werden. Das Isotop $^{227}_{89}Ac$ (β-, α-Strahler, $\tau = 21{,}7$ a) gab der Actiniumzerfallsreihe ihren Namen. Wegen seiner schwachen β-Aktivität ist es für radiometrische Messungen nicht besonders geeignet; man bevorzugt für diesen Zweck das $^{228}_{89}Ac$ (Mesothorium II) mit einer Halbwertszeit von 6,13 Stunden aus der Thoriumzerfallsreihe. Zur Abtrennung des Actiniums benutzt man Lanthan oder Cer als Trägersubstanz. Von den Seltenen Erden wird das Actinium durch Ionenaustausch an Kationiten mit einem Komplexbildner (z. B. Citrat) als Elutionsmittel getrennt.

Zur Darstellung des Actiniums ist es vorteilhafter, statt von der Uranerzaufarbeitung auszugehen, eine künstliche Kernreaktion zu benutzen.

$$^{226}_{88}Ra\ (n, \gamma)\ ^{227}_{88}Ra \xrightarrow{\beta} {}^{227}_{89}Ac$$

Man bestrahlt Radium im Reaktor mit Neutronen und trennt das gebildete Actinium durch Extraktion mit dem Komplexbildner Thenoyltrifluoraceton (TTA) vom Radium.

3.26 Polonium

In seinem chemischen Verhalten gleicht das Polonium dem Tellur. Das längstlebige Isotop, das in der Natur vorkommt, ist das in der Uranzerfallsreihe auftretende $^{210}_{84}Po$ (Radium F), ein α-Strahler mit einer Halbwertszeit von 138 Tagen.

Die Isolierung des Poloniums gelingt am einfachsten mit Hilfe elektrochemischer Methoden, z. B. durch stromlose Abscheidung auf Silberblech aus 0,1 n Salzsäure. Besonders charakteristisch ist seine große Neigung zur Radiokolloidbildung, weshalb beim Arbeiten mit Polonium die Säurestärke möglichst nicht unter 2 n abfallen sollte. Das ^{210}Po kann im Reaktor aus Wismut nach der Gleichung

$$^{209}_{83}Bi\ (n, \gamma)\ ^{210}_{83}Bi \xrightarrow[5\,d]{\beta} {}^{210}_{84}Po$$

hergestellt werden.

3.27 Natürliche Radioelemente außerhalb der Zerfallsreihen

Außer den natürlichen Radioisotopen der Zerfallsreihen am Ende des Periodensystems sind acht natürliche Radioisotope bekannt, die keine Zerfallsreihen bilden.

Tab. 5

Element	Art des radioaktiven Zerfalls	Halbwertszeit [a]	Anteil des radioaktiven Isotops [%]	Zerfallsprodukt
^{40}K	β, K	$1{,}4 \cdot 10^{9}$	0,012	^{40}Ca, ^{40}Ar
^{87}Rb	β	$6{,}3 \cdot 10^{10}$	27,2	^{87}Sr
^{115}In	β	$6 \cdot 10^{14}$	95,7	^{115}Sn
^{124}Sn	2β	$6 \cdot 10^{15}$	6,11	^{124}Te
^{138}La	K	$1{,}2 \cdot 10^{11}$	0,089	^{138}Ba
^{147}Sm	α	$1{,}5 \cdot 10^{11}$	15,0	^{143}Nd
^{176}Lu	β, K	$2{,}4 \cdot 10^{10}$	2,5	^{176}Hf, ^{176}Yb
^{187}Re	β	$4 \cdot 10^{12}$	62	^{187}Os

Man vermutet, daß es sich um radioaktive Isotope handelt, die im Anfangszustand des Sonnensystems durch Neutronenreaktionen gebildet wurden. Nur langlebige Isotope mit einer Mindesthalbwertszeit von der Größenordnung des

Erdalters können aus dieser Zeit noch vorhanden sein. Daneben hat man auch die Isotope ^{239}Pu, ^{14}C und ^{3}H in der Natur nachweisen können. Ihre Halbwertszeiten ($2{,}4 \cdot 10^4$ a; $5{,}7 \cdot 10^3$ a; 12,2 a) deuten aber daraufhin, daß sie durch Kernprozesse entstehen, die auch gegenwärtig noch ablaufen (kosmische Strahlung; bzw. ^{239}Pu infolge von Sekundärprozessen nach der Spontanspaltung des Urans.)

3.3 Künstlich erzeugte Actinidenelemente

Die auf das Uran folgenden Actinidenelemente Neptunium (93) bis Nobelium (102) wurden durch Kernreaktionen künstlich dargestellt. Während von den letzten Elementen überhaupt nur einige zehntausend Atome hergestellt werden konnten, existieren von dem ebenfalls künstlich erzeugten Plutonium bereits Hunderte von Tonnen. Deshalb soll die Chemie des Plutoniums etwas ausführlicher behandelt werden.

3.31 Plutonium

Plutonium wird in den Produktionsreaktoren durch Einfang eines Neutrons vom ^{238}U hergestellt.

$$^{238}_{92}\text{U}\,(n,\gamma)\,^{239}_{92}\text{U} \xrightarrow{\beta} {}^{239}_{93}\text{Np} \xrightarrow{\beta} {}^{239}_{94}\text{Pu}$$

Je nach den Reaktorbedingungen gewinnt man aus einer Tonne Natururan einige Kilogramm Plutonium, das auf chemischem Wege durch Extraktion und Ionenaustausch vom Uran und den Spaltprodukten befreit werden muß. Sein Einsatz als Kernbrennstoff in Leistungsreaktoren für die Energieerzeugung ist zwar zur Zeit noch nicht technisch realisiert, stellt aber offenbar die Verwendungsform der Zukunft dar. Die Voraussetzung dafür kann erst ein internationales Verbot der Kernwaffen schaffen, da das Plutonium zur Zeit fast ausschließlich für militärische Zwecke erzeugt und verarbeitet wird.

Metallisches Plutonium wird durch Reduktion des PuF_4 mit metallischem Barium bei 1200 °C im Hochvakuum dargestellt. Das Plutonium tritt ebenso wie das Uran drei-, vier-, fünf- und sechswertig auf. Die sechswertige Stufe ist aber wesentlich instabiler als beim Uran und läßt sich leicht reduzieren; die dreiwertige Oxydationsstufe ist in wässeriger Lösung stabiler als beim Uran. Am beständigsten ist das Plutonium-IV.

Die wässerigen Lösungen des dreiwertigen Plutoniums sind hellblau; das vierwertige Plutonium bildet grüne Nitrato- oder hellrosa Sulfatokomplexlösungen, während die sehr unbeständigen Plutonium(V)-Lösungen farblos und die Plutonium (VI)-Lösungen orangefarben sind.

Es gibt Bedingungen (salzsaures Medium), unter denen alle diese Wertigkeiten nebeneinander im Gleichgewicht vorkommen. Die Verhältnisse werden durch starke Hydrolyseneigung der Ionen noch zusätzlich kompliziert.

Redoxreaktionen zwischen den Paaren Pu-III/IV und Pu-V/VI verlaufen schnell und reversibel. Es tritt keine Änderung in der Sauerstoff-Koordinationssphäre ein, was aber für die Redoxpaare Pu-IV/V, Pu-III/V und Pu-IV/VI erforderlich ist. Deshalb stellt sich bei ihnen das Gleichgewicht nur sehr langsam ein.

Charakteristisch für die mittleren Wertigkeitsstufen ist ihre Neigung zur Disproportionierung unter entsprechenden Bedingungen. Für das Pu-IV nimmt man folgenden stufenweisen Verlauf der Disproportionierungsreaktion an:

$$Pu^{4+} + H_2O \rightleftharpoons Pu(OH)^{3+} + H^+$$
$$Pu(OH)^{3+} + H_2O \rightleftharpoons Pu(OH)_2^{2+} + H^+$$
$$Pu(OH)^{3+} + Pu(OH)_2^{2+} \rightleftharpoons Pu^{3+} + PuO_2^+ + H_2O + H^+$$
$$PuO_2^+ + Pu^{4+} \rightleftharpoons Pu^{3+} + PuO_2^{2+}$$

$$3\,Pu^{4+} + 2\,H_2O \rightarrow 2\,Pu^{3+} + PuO_2^{2+} + 4\,H^+$$

Die aus der Summengleichung ableitbare Abhängigkeit des Gleichgewichts von der 4. Potenz der H^+-Konzentration konnte experimentell bestätigt werden; mit steigender

Temperatur nimmt die Disproportionierungstendenz des Pu-IV stark zu.

Das fünfwertige Plutonium disproportioniert in saurer Lösung zu Pu-III und Pu-VI,

$$4\,PuO_2^+ + 8\,H^+ \rightleftharpoons 2\,Pu^{4+} + 2\,PuO_2^{2+} + 4\,H_2O,$$

während in neutraler Lösung die Reaktion zu Pu-IV und Pu-VI führt:

$$2\,PuO_2^+ + 2\,H_2O \rightleftharpoons PuO_2^{2+} + Pu(OH)_4$$

Sechswertige Plutoniumsalze werden in Lösung unter dem Einfluß der stark ionisierten α-Strahlung (H_2O_2-Bildung) zu Pu-IV und in geringem Maße zu Pu-III reduziert. Die durchschnittliche Reduktionsrate in 0,01 m Plutonium(VI)-perchloratlösung beträgt 0,015 Äquivalente pro Tag.

Die Hydrolysetendenz des Pu-IV ist stärker als die des Pu-III und übertrifft auch die der im Periodensystem vorangehenden vierwertigen Actiniden. Sie ist etwas geringer als die Hydrolyseneigung des Zr^{4+} und entspricht etwa der des Ce^{4+}. Aus 0,001 m Pu-Lösung scheidet sich schon beim $p_H 2$ ein Niederschlag aus. Die Hydrolyse erfolgt über polymere, mehrkernige Zwischenprodukte. Während die polymeren Pu^{4+}-Lösungen intensiv grün sind, zeichnet sich die Lösung des monomeren $Pu^{4+} \cdot n\,H_2O$ durch eine braune Farbe aus, so daß sich durch spektrometrische Messungen der Polymerenanteil ermitteln läßt.

Die Neigung zur Komplexbildung ist beim Pu-III schwach, beim Pu-IV dagegen relativ stark entwickelt. Sie steigt in der Reihenfolge

$$ClO_4^- < Cl^- < NO_3^- < F^-$$

und $$SO_4^{--} < C_2O_4^{--} < SO_3^{--} < CO_3^{--}.$$

Überschüssiges Ammoniumcarbonat bzw. -oxalat löst selbst die schwerlöslichen Salze wie Plutonium(IV)-oxalat und -fluorid komplex auf, dagegen fallen die Komplexe mit

Acetylaceton und Hydroxychinolin als unlösliche Verbindungen aus. Die Bildung anionischer Komplexe mit Sulfat und Nitrat spielt für die Extraktion mit Aminen eine wichtige Rolle.

Die industrielle Abtrennung des Plutoniums benutzt ausschließlich Extraktionsmethoden. Zur Feinreinigung werden Extraktion und Ionenaustausch eingesetzt. Für analytische Zwecke kann man sich einer Fällungstrennmethode bedienen, bei der unter Zusatz von Lanthan als Träger das Plutonium im vierwertigen Zustand als PuF_4 gefällt und durch Abrauchen mit H_2SO_4 wieder aufgelöst wird. Nach Reduzieren zum Pu-IV wird erneut mit Flußsäure gefällt und dieser Zyklus mehrmals wiederholt. Von den Seltenen Erden (Spaltprodukte und Trägerlanthan) wird Plutonium durch Ausfällen des salpetersäureunlöslichen $Pu(JO_3)_4$ getrennt.

Die analytische Bestimumng kann gravimetrisch als PuO_2, $Pu(SO_4)_2$ oder $Pu(JO_3)_4$ erfolgen. Unter Ausnutzung der Wertigkeitsstufen Pu-III/IV oder Pu-III/VI lassen sich oxydimetrische Titrationen durchführen. Darüber hinaus gibt es ebenso wie beim Uran kolorimetrische, spektralphotometrische und polarographische Methoden. Die radiometrische Analyse benutzt die α-Strahlung des Plutoniums. Ein besonders interessanter Analysenzweig, die Ultramikronanalyse hat sich aus der Plutoniumanalytik entwickelt, weil am Anfang nur geringste Mengen für die Untersuchungen zur Verfügung standen.

3.32 Neptunium

Bei der Abtrennung des Plutoniums aus bestrahlten Kernbrennstoffen begleitet das nach der Reaktion

$$^{238}_{92}U\,(n,\,2\,n)\,^{237}_{93}U \xrightarrow[6{,}75\,d]{\beta} {}^{237}_{93}Np$$

entstehende ^{237}Np (α-Strahler, $\tau = 2{,}25 \cdot 10^6$ a) den Uranstrom (ca 0,1% der Pu-Menge) und kann daraus abgetrennt werden (Neptexprozeß [31]).

Das Neptunium tritt ebenso wie das Uran drei-, vier-, fünf- und sechswertig auf, wobei die vierwertige und die sechswertige Stufe am stabilsten sind. Neben dem NpO_2, das durch Glühen von Neptuniumsalzen an der Luft entsteht, existiert noch ein NpO. Man erhält es beim Reduzieren von NpO_2 mit Wasserstoff. Von den unlöslichen Verbindungen sind die Neptunate, das Tetrafluorid NpF_4 und das Peroxyd $NpO_4 \cdot n\, H_2O$ wichtig. Die reinen Neptuniumverbindungen lassen sich auf Grund einer α-Strahlung radiometrisch erfassen; da sie aber meist durch andere Strahler verunreinigt sind oder die Abtrennung vom Plutonium kontrolliert werden soll, kann man zur radiometrischen Bestimmung mit $^{239}_{93}Np$, einem β-Strahler von 2,3 Tagen Halbwertszeit, indizieren.

3.33 Weitere Actinidenelemente

Die Elemente Americium, Curium, Berkelium, Californium, Einsteinium, Fermium wurden durch Neutronenreaktionen aus den jeweiligen Elementen mit niedrigerer Ordnungszahl erhalten oder durch Beschuß mit α-Teilchen oder schweren Ionen, z. B. mit $^{12}_{6}C$, im Zyklotron synthetisiert.

$$^{239}_{94}Pu\ (n, \gamma)\ ^{240}_{94}Pu\ (n, \gamma)\ ^{241}_{94}Pu \xrightarrow[10\ a]{\beta} {}^{241}_{95}Am$$

$$^{241}_{95}Am\ (\alpha, 2n)\ ^{243}_{97}Bk$$

$$^{238}_{92}U\ (^{12}_{6}C)\ ^{244}_{98}Cf$$

Die Elemente Americium und Curium findet man deshalb auch in den Lösungen bestrahlter Kernbrennstoffe, und man kann sie bei der Aufarbeitung aus den Abfallösungen des Plutoniums gesondert isolieren [32].

Für das chemische Verhalten der Transplutoniumelemente ist ihre Analogie zu den Lanthaniden charakteristisch. Ihre Hauptwertigkeit ist ebenfalls drei. Sie unterscheiden sich aber von den Seltenen Erden durch die größere

Stabilität der Chlorokomplexe in konzentrierter Salzsäure, was man bei Trennungen ausnutzt, die in 13 m HCl an stark basischen Anionenaustauschern durchgeführt werden. Die Trennung der einzelnen Actiniden erfolgt ebenfalls an Ionenaustauschern mit komplexbildenden Elutionsmitteln wie z. B. Ammoniumcitratlösung.

Über das rein wissenschaftliche Interesse hinaus gibt es auch schon praktische Vorschläge für den Einsatz von Transplutoniumelementen. So hat man die Möglichkeit diskutiert, Curium als Quelle einer Strahlungsbatterie zu verwenden.

3.4 Künstliche Radioisotope

3.41 Herstellungsmethoden

Künstliche Radioisotope lassen sich nach drei verschiedenen Methoden herstellen:

1. Bestrahlung von Elementen mit Neutronen aus einer geeigneten Neutronenquelle
2. Bestrahlung von Elementen mit geladenen beschleunigten Elementarteilchen oder Ionen
3. Isolierung von Spaltprodukten aus bestrahlten Kernbrennstoffen (Uran oder Plutoniumzerfall).

Die im Verlaufe einer Kernreaktion erzeugten Isotope sind radioaktiv, da der neu entstandene Kern eine Überschußenergie besitzt, die er durch Aussendung eines γ-Quants oder eines Elementarteilchens wieder abgibt.

3.411 Neutronenreaktionen

Am häufigsten und auch am einfachsten gewinnt man künstliche radioaktive Isotope durch Neutronenreaktionen. Dabei kann nach dem Neutroneneinfang durch den bestrahlten Kern entweder die Aussendung eines γ-Quants aus dem neu entstandenen Kern folgen (n, γ-Reaktion),

$$^{31}\mathrm{P}\,(n, \gamma)\,^{32}\mathrm{P};$$

oder es findet eine Teilchenemission aus dem Folgeprodukt statt; (n, p)-, (n, α)-, seltener $(n, 2n)$-Reaktionen. Die letztgenannten Reaktionen sind nur mit Neutronen hoher kinetischer Energie (schnelle Neutronen) möglich.

$$^{32}\mathrm{S}\,(n, p)\,^{32}\mathrm{P}$$

Als Neutronenquellen werden für geringe Intensitäten Mischungen von Berylliumpulver mit einem α-Strahler (Ra-Be-Quellen, Po-Be-Quellen) oder einem γ-Strahler (^{124}Sb-Be-Quellen) verwendet, in denen die Reaktion

$$^{9}_{4}\mathrm{Be}\,(\alpha, \mathrm{n})\,^{12}_{6}\mathrm{C} \text{ oder } ^{9}_{4}\mathrm{Be}\,(\gamma, \mathrm{n})\,2\alpha$$

zur Erzeugung eines Neutronenflusses führt, der je nach der Stärke des α- bzw γ-Präparates 10^4 bis 10^5 thermische Neutronen pro cm^2 und Sekunde liefert (Tab. 6).

Tab. 6 Vergleich des Flusses thermischer Neutronen aus verschiedenen Neutronenquellen

Quelle	Neutronenfluß $n \cdot \mathrm{cm}^{-2}\,\mathrm{sec}^{-1}$
1-Curie-Ra-Be-Quelle	$\sim 10^5$
Zyklotron	$\sim 10^9$
Kernreaktor	$10^{11} - 10^{14}$

Eine Beschleunigeranlage (z. B. Zyklotron, Van-de-Graaff-Generator) kann ebenfalls zur Erzeugung eines Neutronenstromes benutzt werden, indem man einen Deuteronenstrahl auf ein Berylliumtarget auffallen läßt, aus dem dann nach der Reaktion

$$^{9}_{4}\mathrm{Be}\,(d, n)\,^{10}_{5}\mathrm{B}$$

Neutronen erzeugt werden. Die größte Neutronenquelle ist zweifellos der Uranreaktor. Aus den Spaltstoffen ^{235}U,

^{233}U und ^{239}Pu entweicht bei der Spaltung ein Überschuß von Neutronen, der in besonderen Bestrahlungskanälen zur Herstellung einer Vielzahl von künstlichen radioaktiven Isotopen benutzt werden kann.

3.412 Reaktionen mit geladenen Teilchen

Wenn man geladenen Teilchen (p, d, α, schwere Ionen) eine hohe kinetische Energie erteilt und sie in geeigneter Weise auf eine Zielscheibe (Target) fallen läßt, so werden durch den Beschuß in der Targetsubstanz Kernreaktionen ermöglicht, die zur Bildung künstlicher radioaktiver Isotope führen. Diese Herstellungsmethode im Zyklotron oder im Van-de-Graaff-Generator hat den Nachteil, daß man entweder die zu bestrahlende Substanz im Innern der Beschleunigeranlage unterbringen oder den Teilchenstrahl durch ein mit einer Aluminiumfolie verschlossenes Fenster nach außen führen muß. Im ersten Fall ist die Handhabung schwierig, und im letztgenannten Fall reduziert die Folie die Strahlenintensität beträchtlich. Im Targetmaterial treten außerdem im Verlaufe der Bestrahlung erhebliche Temperaturen auf. Auch sind die Kosten für den Betrieb der Beschleunigeranlage relativ hoch, so daß man für kommerzielle Zwecke nur solche Radioisotope im Zyklotron erzeugt, die besonders wichtig sind und die sich auf andere Weise nicht herstellen lassen (z. B. ^{22}Na).

3.413 Spaltreaktionen

Im Verlaufe von Kernspaltungsprozessen entstehen aus den schweren Elementen Uran und Plutonium Bruchstücke mit mittleren Atomgewichten. Unter diesen Spaltprodukten befindet sich eine Reihe sehr wichtiger künstlich radioaktiver Isotope (^{90}Sr, ^{137}Cs, ^{144}Ce u. a.), von denen vor allem die langlebigen bereits industriell angewendet werden. Aber auch kurzlebige Radioisotope wie das wichtige ^{131}J ($\tau =$ 8 d) werden aus den Uranspaltprodukten isoliert, wobei man allerdings nicht von ausgebrannten Kernbrennstäben ausgeht (wie bei der Gewinnung von langlebigen Spaltprodukten im Kilocuriemaßstab), sondern kleine Mengen Uranoxyd für diesen Zweck gesondert bestrahlt und aufarbeitet. Die Hauptschwierigkeit bei der Isolierung einzelner Radioisotope aus Spaltproduktgemischen besteht in den Trennproblemen, die durch die große Vielzahl der Spaltprodukte und ihre hohe Aktivität hervorgerufen werden.

3.5 Radiochemische Untersuchung der Kernspaltung

Die Methoden der Radiochemie sind ein sehr wichtiges Untersuchungsmittel bei der Erforschung von Kernreaktionen. Es waren radiochemische Arbeiten, die 1939 zur Entdeckung der Uranspaltung (Hahn und Strassmann [33]) führten. Seitdem sind auf radiochemischem Wege vor allem so wichtige Fragen wie die Identifizierung und Spaltausbeutebestimmung von Produkten der Kernspaltung mit Neutronen und anderen Teilchen verschieden hoher Energie bearbeitet worden. Daraus konnten theoretische Schlußfolgerungen in bezug auf das Kernmodell gezogen werden. Aber auch für praktische Zwecke waren diese Untersuchungsergebnisse von großer Bedeutung, so z. B. für den Bau und den Betrieb von Kernreaktoren und Aufarbeitungsanlagen. Ein genauer Einblick in die Aktivitätsverteilung bestrahlter Kernbrennstoffe ist besonders für Schutz- und Entseuchungsprobleme wichtig.

Will man die *absolute Spaltausbeute* eines bestimmten Spaltproduktes ermitteln, so muß jedes einzelne Spaltereignis in einer dünnen Folie von Spaltmaterial registriert werden. Das ist möglich, wenn die Folie so dünn gehalten wird, daß jedes Spaltbruchstück infolge seiner kinetischen Energie aus der Folie herausfliegt und in einer Ionisationskammer gezählt werden kann. Die Anzahl der Spaltereignisse wird dann ins Verhältnis gesetzt zu der absoluten Aktivität eines auf chemischem Wege isolierten Spaltelementes, das aus einer unter gleichen Neutronenflußbedingungen bestrahlten Spaltmaterialprobe gewonnen wurde.

Zur Bestimmung der *relativen Spaltausbeute* bezieht man das interessierende Spaltproduktelement auf eine genau bekannte Standardausbeute, gewöhnlich auf die von ^{140}Ba (5,36% für ^{239}Pu-Spaltung). Die größte Fehlermöglichkeit bei der Spaltausbeutebestimmung liegt in der Ermittlung der absoluten Zählrate.

Der allgemeine Weg einer radiochemischen Abtrennung von Spaltproduktelementen zur Untersuchung des Spaltprozesses besteht darin, daß 10 bis 20 mg des interessierenden Elementes als Träger zugesetzt werden und dann mit gebräuchlichen analytisch-chemischen Operationen eine Isolierung vorgenommen wird. Gelöst und ausgefällt wird zweckmäßigerweise in kleinen Zentrifugengläsern; man zentrifugiert statt zu filtrieren. Eine quantitative Abtrennung des eingesetzten Trägermaterials ist nicht erforderlich, weil aus der chemischen Ausbeute auf die ursprünglich vorhandene Gesamtmenge des interessierenden Radioisotops geschlossen werden kann. Das verkürzt auch die erforderliche Zeit. Die üblichen chemischen Operationen sind Ausfällung, Verflüchtigung gasförmiger Komponenten, Extraktion und Ionenaustausch.

Ein Beispiel für die Ausfällung liefert die Spaltausbeutebestimmung von Barium. Man nutzt die Unlöslichkeit des $BaCl_2$ in salzsäuregesättigtem Äther bzw die Unlöslichkeit des $Ba(NO_3)_2$ in rauchender Salpetersäure aus.

Das Ruthenium läßt sich leicht als RuO_4 aus rauchender Perchlorsäure verflüchtigen.

Die Extraktion wird als Hauptreinigungsstufe bei der Abtrennung der Halogene (Extraktion von Br_2 und J_2 mit CCl_4) angewendet, während der Ionenaustausch vornehmlich für die Trennung der Seltenen Erden eingesetzt wird (z. B. Pm von Nd an Amberlite IR-1 mit Ammoniumcitrat als komplexbildendem Elutionsmittel).

Will man nur die radioaktiven Eigenschaften eines Spaltproduktes untersuchen, so ist die Ermittlung der chemischen Trennausbeute überflüssig, dagegen ist eine hohe radiochemische Reinheit erforderlich. Interessiert die Spaltausbeute selbst, so muß man die chemische Trennausbeute bestimmen. Dann wird zur Einstellung der Trägerlösung am besten dieselbe Bestimmungsmethode eingesetzt, wie sie in der Endstufe der Abtrennung angewendet wird.

Der Faktor, um den ein gegebenes Spaltelement von einer radioaktiven Verunreinigung befreit werden muß, variiert mit der Spaltausbeute, der Halbwertszeit und der Energie des Strahlers. Für Spaltelemente mit geringer Ausbeute wie z. B. das 49-Stunden-^{72}Zn, das mit $1{,}5 \cdot 10^{-5}$% gebildet wird, ist ein Reinigungsfaktor von 10^9 erforderlich. Dagegen braucht beim 85-Minuten-^{139}Ba mit 6,3% Spaltausbeute (für ^{235}U-Spaltung) der Reinigungsfaktor nur 10^4 zu betragen.

Voraussetzung für alle Trennoperationen ist ein vollständiger Austausch zwischen Träger und Spaltprodukt. Das ist im allgemeinen der Fall; Schwierigkeiten treten auf, wenn das Spaltproduktelement nichtaustauschfähige Wertigkeitsstufen enthält (z. B. JO_3^-) oder wenn es stark hydrolysierte Formen bildet (z. B. Zirkon). Beim Jod erreicht man den Austausch, indem erst mit NaClO zum Jodat oxydiert und dann mit $NH_2OH \cdot HCl$ zum Jod reduziert wird. Beim Zirkon führt man Träger und aktives Element in Fluozirkonat über, um vollständigen Austausch zu erreichen.

Bisher wurden genauere Ausbeutebestimmungen für Spaltungen mit thermischen oder schnellen Reaktorneutronen an ^{232}Th, ^{233}U, ^{235}U, ^{238}U und ^{239}Pu vorgenommen. Beim ^{235}U ist die Ausbeuteverteilung am genauesten bekannt. Man fand 36 Elemente (^{72}Zn bis ^{161}Tb) mit mehr als 300 Isotopen; ihre Ausbeute schwankt um den Faktor 10^6. Die Fehlergrenze der radiochemischen Bestimmungen liegt bei 10 bis 20%. Ein großer Teil der Werte ist durch massenspektrometrische Bestimmungen gesichert. Man arbeitet dabei nach der Isotopenverdünnungstechnik, d. h. unter Zusatz geeigneter Isotopenträger, und bestimmt den relativen Isotopenanteil. Die folgende Abbildung zeigt die Massenausbeute für die Spaltung des ^{235}U und ^{239}Pu mit thermischen und des ^{238}U mit schnellen Neutronen.

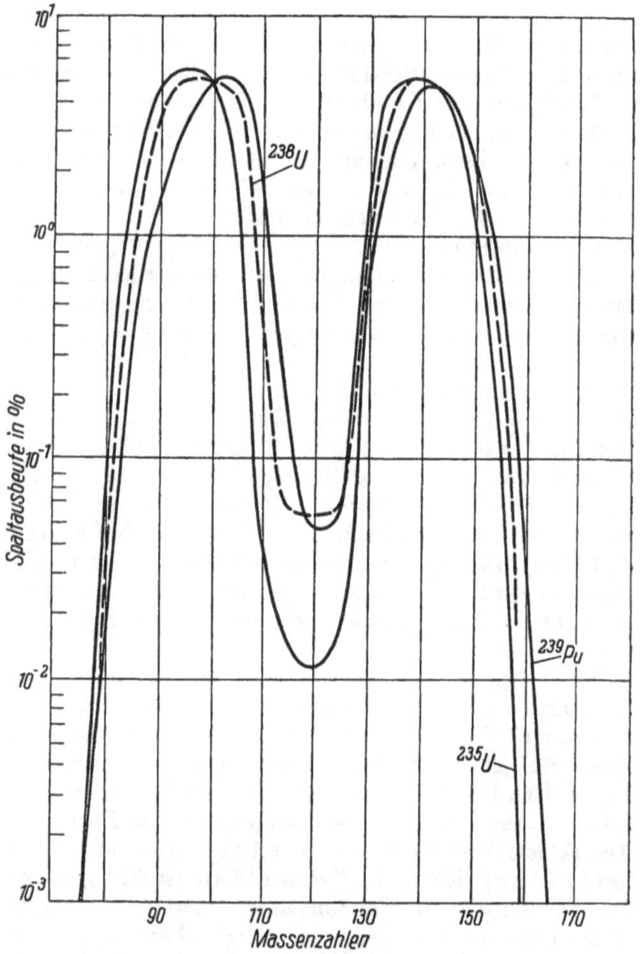

Abb. 34 Spaltausbeuten für die Spaltung von ^{235}U und ^{239}Pu mit thermischen und von ^{238}U mit schnellen Neutronen [34]

Tab. 7 Vergleich der Massenverteilung

spaltbare Kernart	durchschnittliche Massenzahl eines Berges		Massenbreite eines Berges	Verhältnis von Berg zu Trogausbeute
	leichte Gruppe	schwere Gruppe		
^{232}Th	92	139	14	115
^{233}U	94	138	14	390
^{235}U	95	139	15	650
^{238}U	98	139	16	200
^{239}Pu	99	138	16	150

Es ist zu sehen, daß die Spaltung mit Neutronen niedriger Energie bevorzugt asymmetrisch verläuft, d. h., die Massenverteilung hat zwei Maxima (das der leichten und das der schweren Gruppe) und ein zentrales Minimum, das die geringe Häufigkeit symmetrischer Spaltung zeigt.

Mit ansteigender Masse des spaltenden Kernes wird die Massenverteilung breiter, und der Berg mit der leichten Gruppe verschiebt sich in Richtung höherer Masse, während die Position des Berges mit der schweren Gruppe relativ fest bleibt.

Die Veränderungen im Berg-zu-Mulden-Verhältnis, die man bei verschiedenen spaltbaren Kernen beobachtet, sind Hinweise auf die Unterschiede in den Anregungsenergien der spaltenden Kerne.

Die Massenverschiebung der leichten Gruppe ist ein Indikator für die Masse des spaltenden Kernes. Beispielsweise ist die Ausbeute an ^{106}Ru, bezogen auf ^{140}Ba, annähernd zehnmal höher bei der Spaltung des ^{238}U und des ^{239}Pu als bei der Spaltung des ^{235}U. Dieser merkliche Unterschied kann benutzt werden, um den relativen Anteil an ^{235}U-Spaltung gegenüber ^{238}U- und ^{239}Pu-Spaltung in normalen Uran festzustellen.

Für langsame Teilchen bildet die Verteilungskurve für die Spaltbruchstücke des Urans zwei Gipfel, die Spaltung ist asymmetrisch; für hohe Energien ist die Spaltung symmetrisch, die Kurve enthält nur ein Maximum. Diese Ver-

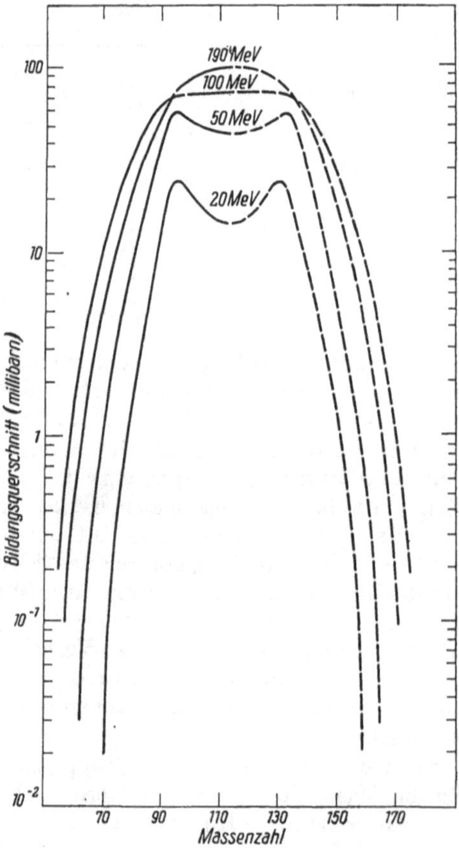

Abb. 35 Querschnitt für die Bildung von Spaltprodukten beim Beschuß von Natururan mit Deuteronen verschiedener Energie in Abhängigkeit von der Massenzahl [35]

hältnisse werden durch die Abbildung 35 veranschaulicht; hier sind auf der Abszissenachse die Massenzahlen, auf der Ordinatenachse in logarithmischem Maßstab die Bildungsquerschnitte als Maßzahlen für die Häufigkeit der entstehenden Spaltprodukte (Spaltausbeute) aufgetragen.

Die Natur der für den Beschuß verwendeten Teilchen (Neutronen, Protonen, α-Teilchen, π-Mesonen usw) ist von geringem Einfluß auf die Form der Ausbeuteverteilung.

3.6 Untersuchung chemischer Effekte bei Kernumwandlungen

Alle Kernumwandlungen erzeugen Folgeatome, die im Augenblick ihres Entstehens eine sehr hohe kinetische Rückstoßenergie oder abnorme elektrische Ladungen bzw beides besitzen. Ihre kinetische Energie erhalten die Folgeprodukte auf Grund des Impulserhaltungssatzes beim Einfang oder bei der Emission eines Teilchens oder eines Photons. Die Ladung resultiert aus Ionisierungsvorgängen in der Elektronenhülle (Teilchenemission oder Teilcheneinfang [36]). Beispielsweise wird bei der Kernreaktion ^{81}Br (n, γ) ^{82}Br eine γ-Emission von 7 MeV beobachtet. Dementsprechend hat das entstandene ^{82}Br-Atom eine Rückstoßenergie von 322 eV oder 7400 kcal/mol.

Das bei der Kernreaktion ^{35}Cl (n, p) ^{35}S entweichende Proton besitzt eine Energie von 0,59 MeV und erteilt dem ^{35}S-Kern eine Rückstoßenergie von $\sim$16400 eV.

^{80}Br, entstanden aus dem isomeren ^{80m}Br, besitzt eine Minimalladung von 1 und eine durchschnittliche Ladung von 10.

Da die Energie chemischer Bindungen in der Größenordnung von 5 eV liegt, wird das Rückstoßatom aus seiner ursprünglichen Bindung herausgerissen, und es kann auch in Nachbarmolekülen noch Bindungsbrüche verursachen. Kennt man die neu entstandene Atomart, so lassen sich Aussagen machen über die Art des Bindungsbruches, durch den die hochaktivierten Atome ihre Energie verlieren, sowie über die neue stabile chemische Verbindung, die von ihnen schließlich eingegangen wird. Solche Untersuchungen setzen voraus, daß die durch den Kernprozeß gebildete Atomart radioaktiv und damit leicht nachweisbar ist. Außerdem darf die stabile chemische Verbindung, die das Atom nach

Verlust seiner Rückstoßenergie eingeht, keinen thermischen Austausch mit anderen Molekülen haben.

Die Untersuchung der genannten spezifisch radiochemischen Effekte wird als *Chemie heißer Atome* bezeichnet (hot-atom-chemistry). Die radiochemischen Effekte lassen sich abgrenzen von den strahlenchemischen Effekten, die dadurch zustande kommen, daß Kernstrahlung oder Röntgenstrahlung auf Materie einwirkt.

Von praktischer Bedeutung auf dem Gebiete der Chemie heißer Atome sind die Szilard-Chalmers-Reaktionen, die es gestatten, radioaktive Isotope von den nicht aktivierten Isotopen aus der Verbindung des betreffenden Elements nach einer (n, γ)-Reaktion abzutrennen. Auf Grund ihrer Rückstoßenergie fliegen die Atome, die einen (n, γ)-Prozeß eingegangen sind, aus der ursprünglichen chemischen Bindung heraus und liegen nach der Reaktion in einer anderen Form vor, die sich chemisch von der ursprünglichen Verbindung unterscheidet. Findet zwischen den aktivierten und den nicht aktivierten Atomen des Elements in den beiden verschiedenen chemischen Bindungsformen kein Austausch innerhalb kurzer Zeit statt, so lassen sich häufig durch einfache chemische Trennungen Radioisotope mit hoher spezifischer Aktivität gewinnen. Es dürfen allerdings – besonders bei Bestrahlung mit hohen Intensitäten – durch Strahlungsschäden nicht allzu viele inaktive Atome aus der ursprünglichen Molekülverbindung freigesetzt werden, welche die spezifische Aktivität der Rückstoßatome herabsetzen, oder Zersetzungsprodukte entstehen, die mit den aktiven Rückstoßatomen Verbindungen bilden, die sich nicht abtrennen lassen.

Für die Bildung der abtrennbaren Menge N_M des erzeugten aktiven Isotops gilt die Gleichung:

$$\frac{\mathrm{d}\,N_M}{\mathrm{d}\,t} = \varphi\,\sigma f\,A - \lambda\,N_M - \varphi\,K_2\,N_M \qquad (1)$$

φ = Neutronenfluß $\left(\frac{n}{\mathrm{cm}^2\,\mathrm{sec}}\right)$

σ = Wirkungsquerschnitt (cm^2)

A = Menge des Analysenelements
λ = Zerfallskonstante des aktiven Isotops
f, K_2 = Konstanten

Das erste Glied der Gleichung stellt die Bildung des aktiven Isotops dar. Durch den Faktor f, der für gleiche Reaktionsbedingungen eine Konstante ist, wird die ursprünglich abtrennbare Aktivität berücksichtigt. Das zweite Glied drückt den radioaktiven Zerfall des gebildeten Isotops aus, während im dritten Glied derjenige Teil von Rückstoßatomen erfaßt wird, der ursprünglich abtrennbar vorlag, aber infolge strahlenchemischer Reaktionen in eine nicht abtrennbare Form überging.

Von großer Bedeutung für eine erfolgreiche Anreicherung ist die Menge des Ausgangselements M, die durch strahlenchemische Zersetzung der bestrahlten Verbindung in den gleichen chemischen Zustand wie das aktive Isotop überführt wird. Ihr Anwachsen mit der Bestrahlungszeit wird in der folgenden Gleichung ausgedrückt:

$$\frac{\mathrm{d}\, M}{\mathrm{d}\, t} = \varphi\, K_1\, (A - M) - \varphi\, K_2 M \tag{2}$$

Das Glied K_2M ist ein Ausdruck für die infolge strahlenchemischer Reaktionen nicht mehr abtrennbare Menge des gebildeten M. Als Anreicherungsfaktor (F) bezeichnet man den Quotienten aus spezifischer Aktivität der abgetrennten Form und spezifischer Aktivität des reinen Elements, das unter gleichen Bedingungen aktiviert wurde

$$F = \frac{N_M/M}{N/A}\,.$$

Setzt man für die spezifische Aktivität des abgetrennten Anteils

$$S = \frac{N_M}{M}$$

die durch Integration von Gleichung (1) und (2) erhältlichen Ausdrücke für N_M und M ein, so ergibt sich unter der Vereinfachung, daß kaum Bruchstücke gebildet werden, die mit aktiven Atomen wieder nichttrennbare Verbindungen bilden können und demnach $K_2 \ll K_1$ ist,

$$S = \frac{\sigma f \varphi}{\lambda} \cdot \frac{1 - e^{-\lambda t}}{1 - e^{-\varphi K_1 t}} ;$$

d. h., die Änderung der spezifischen Aktivität der abgetrennten Fraktion mit der Bestrahlungszeit hängt von dem Verhältnis der Größen φ, K_1 und λ ab.

Für $\varphi K_1 = \lambda$ ergibt sich im abgetrennten Produkt eine konstante, von der Bestrahlungszeit unabhängige spezifische Aktivität

$$S = \frac{\sigma f}{K_1} = \frac{\sigma f \varphi}{\lambda}.$$

Ist $\lambda > \varphi K_1$, d. h. die Zerfallsrate größer als die Zerstörungsrate, so sinkt die spezifische Aktivität mit der Bestrahlungszeit bis zu einem Sättigungswert. Unter diesen

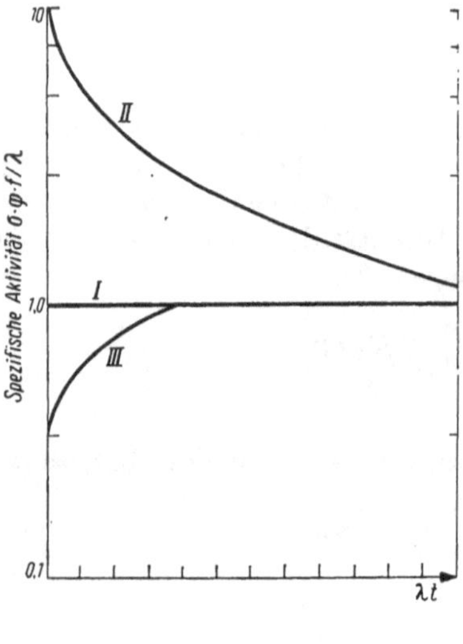

Abb. 36 Spezifische Aktivitäten des angereicherten Materials als Funktion der Bestrahlungszeit mit verschiedenen Zerstörungsraten [37]

I $\lambda = \Phi K_1$,
II $\lambda > \varphi K_1$,
III $\lambda < \varphi K_1$.

Bedingungen lassen sich hohe spezifische Aktivitäten gewinnen. Ist $\lambda < \varphi K_1$, d. h. die Zerfallsrate kleiner als die Zerstörungsrate, so steigt die spezifische Aktivität bis zu einem Sättigungswert. Die unter diesen Bedingungen erreichbaren spezifischen Aktivitäten sind gewöhnlich nicht zu gebrauchen. In der nebenstehenden Abbildung werden die drei genannten Fälle graphisch dargestellt.

Einen Überblick von den wichtigsten Abtrennungen nach Szilard-Chalmers geben E. Broda und T. Schönfeld [6].

3.7 Isotopenaustauschreaktionen

Der Austausch von Atomen radioaktiver Isotope mit stabilen Atomen desselben Elements in anderer chemischer Bindungsform ist einerseits ein erwünschter Vorgang, z. B. bei Indikatormethoden, bei denen Indikatorisotop und stabiles Isotop in chemisch gleicher Form vorliegen sollen, andererseits sucht man diesen Austausch zu vermeiden, z. B. bei Szilard-Chalmers-Abtrennungen (siehe oben).

In Ionenverbindungen verläuft der Austausch momentan, während bei anderen Bindungsarten eine meßbare Zeit benötigt wird, ehe im System die Konzentration an radioaktiven Isotopen in allen Bindungsformen des betreffenden Elements gleich ist.

Die Messung von Isotopenaustauschvorgängen kann Aufschluß über viele Probleme geben, zum Beispiel:

Bestimmung von Reaktionskonstanten im Gleichgewicht,

Reversibilität von Redoxpaaren,

Labilität von Komplexgruppen,

Ausmaß und Art von festen Oberflächen,

Untersuchung von Reaktions- und Katalysemechanismen u. a.

Durch Austauschreaktionen lassen sich Verbindungen kennzeichnen. Die Kenntnis der Austauschverhältnisse ist eine wichtige Voraussetzung für erfolgreiche Szilard-

Chalmers-Trennungen und für viele kinetische Untersuchungen.

Eine einfache Isotopenaustauschreaktion läuft ab, wenn chemisch äquivalente Atome einer Molekülart und isotope Atome einer zweiten Molekülart austauschen, wobei die austauschenden Atome der zweiten Molekülart ebenfalls chemisch äquivalent sind.

Bei einer komplexen Isotopenaustauschreaktion hat ein Reaktant zwei oder mehr austauschfähige Atome, die chemisch nicht äquivalent sind.

Einfache Isotopenaustauschreaktionen in einem stabilen homogenen System folgen einem einfachen Exponentialgesetz. Ein solcher Vorgang findet zwischen den Molekül-

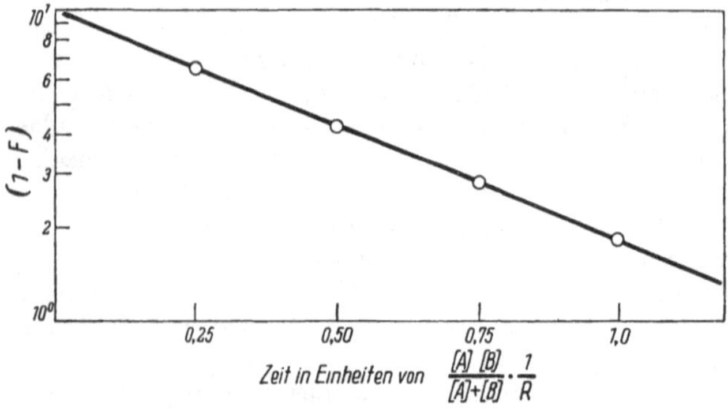

Abb. 37 Zeitabhängigkeit des Austauschbruchteils

arten A und B statt, in denen die Atome eines gegebenen Elementes X unter bestimmten Bedingungen bei einer konstanten Rate R ausgetauscht werden [38].

$$AX \rightleftharpoons BX$$

Der Bruchteil F, der einen Austausch eingegangen ist, beträgt

$$F = 1 - e^{-Rt \frac{[A] + [B]}{[A]\ [B]}},$$

R = konstante Austauschrate der X-Atome zwischen A und B, [g-atom/$l \cdot$ sec],

t $\doteq$ Austauschzeit,

$[A]$ = Konzentration von X (aktiv + inaktiv) in der Molekülart A [g-atom X/l],

$[B]$ = Konzentration von X (aktiv + inaktiv) in der Molekülart B [g-atom/l].

In der Praxis verwendet man für die Kontrolle des Experiments häufiger die logarithmische Form dieser Gleichung:

$$Rt = -\frac{[A] \cdot [B]}{[A] + [B]} \ln (1 - F).$$

Die Zeitabhängigkeit des Austauschbruchteils muß eine Gerade ergeben (Abb. 37).

4. Angewandte Radiochemie

4.1 Radiochemische Analytik

Es liegt nahe, die außerordentliche Nachweisempfindlichkeit der Radioisotope für analytische Zwecke auszunutzen. Man kann dabei prinzipiell drei verschiedene Wege einschlagen.

Weitaus am häufigsten werden die Indikatormethoden angewendet, bei denen die zu bestimmende Substanz oder das verwendete Reagens mit radioaktiven Isotopen markiert wird, so daß die quantitative Bestimmung mit Hilfe von Zählgeräten erfolgen kann. Aus der spezifischen Aktivität der Substanz und der gemessenen Aktivität eines Teiles läßt sich auf dessen Menge schließen.

Bei komplizierten chemischen Trennungen bietet die Isotopenverdünnungsmethode besondere Vorteile. Man setzt dem Gemisch die gesuchte Komponente zu, die durch Radioisotope (oder stabile Isotope) markiert ist, führt die Trennung aus und vergleicht die spezifische Aktivität in einem Teil der abgetrennten Komponente mit der spezifischen Aktivität der zugesetzten. Aus der gesunkenen spezifischen Aktivität („Verdünnung") läßt sich die Menge der Komponente errechnen.

Nach der dritten Methode werden die zu untersuchenden Proben mit einer Neutronenquelle bestrahlt und die entstandenen Radioisotope, eventuell nach einer chemischen Abtrennung, ausgemessen (Aktivierungsanalyse).

4.11 Analyse mit Radioindikatoren

Die Erfassungsgrenze eines Radioisotops wird von der Empfindlichkeit der Meßanordnung, seiner Halbwertszeit und seiner spezifischen Aktivität bestimmt. Die Menge eines Elements in einer vorliegenden Probe (Zahl der Atome = N) ist der gemessenen (A) und um den Nulleffekt (A_0) korrigierten Aktivität ($A - A_0$) direkt und der Halbwertszeit λ, der Meßausbeute Q und der spezifischen Aktivität S umgekehrt proportional

$$N = \frac{(A - A_0)}{a} \frac{1}{\lambda \cdot S}.$$

Im allgemeinen kann man dann noch einen analytisch brauchbaren Wert erhalten, wenn die zu messende Aktivität nicht geringer als von der Größenordnung des Nulleffekts ist. Die folgende Tabelle bringt für die gebräuchlichsten Meßanordnungen eine Gegenüberstellung von Nulleffekt und Zählausbeute. Die Angaben haben nur orientierenden Charakter, können aber ein ungefähres Bild vermitteln, welche Nachweisempfindlichkeiten man in Abhängigkeit von der Strahlenart und der Meßanordnung erreicht.

Tab. 8 Zählausbeute und Nulleffekt gebräuchlicher Meßgeräte bei einer Bleiabschirmung von 3 bis 5 cm

Meßgerät	Strahlungsart	Nulleffekt Imp./min	Zählausbeute in %
Geiger-Müller-*Zählrohre*			
Glockenzählrohr	harte β-Strahler	10–40	13–20
	weiche β-Strahler (dünnes Fenster, dünne Probenschicht)		3–10
	γ-Strahler (Bleiabsorber vorgeschaltet)		ca 0,5
Strömungszählrohr (dünne Proben)		10–40	50
Becherzählrohr (10 ml Inhalt)	harte β-Strahler (^{24}Na, ^{32}P)	10–30	ca 10
	β-Strahler mittlerer Energie (^{59}Fe, ^{131}J)		ca 1
Gaszählrohr (40 m*l* Inhalt)		50–60	ca 95
mit Antikoinzidenzschaltung		5–10	
Ionisationskammern	α-Strahler	0,1–0,6	
	gasförmige Proben		100
	dünne feste Proben		50
Szintillationszähler	γ-Strahler	5–200	
mit Koinzidenzschaltung		5–30	
Probenanordnung wie beim Glockenzählrohr			5–15
Probe mantelförmig um den Szintillator			10–30
Probe im Bohrlochkristall			20–60

Als Radioindikatoren wählt man am zweckmäßigsten solche Isotope, deren spezifische Aktivität sich während der Untersuchung nicht wesentlich ändert, also mittel- bis langlebige Strahler. Vom Standpunkt der Meßtechnik aus sind β-Strahler vorzuziehen, da sie mit dem verhältnismäßig geringsten Aufwand (Geiger-Müller-Zählrohre) eine gute Zählausbeute liefern. Müssen kurzlebige Radioisotope angewendet werden, so ist eine Zerfallskorrektur vorzunehmen. Zwar wird eine höhere Nachweisempfindlichkeit erreicht, und auch das rasche Abklingen ist vom Standpunkt der Entseuchung ein Vorteil (speziell in halbtechnischen oder technischen Versuchen mit Einsatz größerer Mengen des Strahlers), aber in kurzlebigen Präparaten lönnen sich längerlebige Verunreinigungen gegen Ende der Untersuchung sehr störend bemerkbar machen.

Zur radiochemischen Reinheit gehört nicht nur die Abwesenheit von Fremdaktivitäten, sondern Radioisotop und stabiles Element müssen auch in der gleichen chemischen Form vorliegen. Letzteres ist besonders bei Elementen zu beachten, die in kovalenten oder komplexen Bindungsformen (Zirkon) und unter Umständen in mehreren Wertigkeitsstufen vorliegen können (Jod). Durch mehrfache gemeinsame chemische Umwandlung wird der Austausch des Indikatorzusatzes mit der stabilen Form des Stoffes erreicht.

Radioaktive Verunreinigungen ermittelt man durch Abklingkurven (Halbwertszeitunterschiede), Absorptionskurven (Energieunterschiede) und gegebenenfalls durch chemische Trennungen. Falls sie die Meßergebnisse beeinflussen können, müssen sie in Rechnung gesetzt oder vorher isoliert werden. Ein besonderes Problem tritt bei der Auswertung von Messungen auf, wenn der Strahler radioaktive Folgeprodukte erzeugt. Sind die Halbwertszeiten zur Untersuchungsdauer relativ groß, so genügt es, wenn man das Folgeprodukt vom Radioindikator vor der Verwendung abtrennt. So hat z. B. bei dem Zerfallspaar ^{95}Zr/^{95}Nb die Muttersubstanz (Zr) eine Halbwertszeit von 65 Tagen und die Tochtersubstanz (Nb) eine von 35 Tagen.

Das ^{95}Zr läßt sich als Radioindikator einsetzen, wenn man vor der Untersuchung das ^{95}Nb, z. B. durch Anionenaustausch in halbkonzentrierter Salzsäure [39], entfernt. Auch dann, wenn das Folgeprodukt im Vergleich zum Indikator sehr kurzlebig ist, entstehen keine Schwierigkeiten. Man wartet nach der Durchführung des Versuches mit der Messung, bis die Tochtersubstanz mit Sicherheit im stabilen Gleichgewicht mit der Muttersubstanz steht. Bei dem Zerfallspaar UX_1/UX_2 ($\tau_{UX_1} = 24{,}1$ d; $\tau_{UX_2} = 1{,}14$ min) genügen 10 bis 15 Minuten zwischen Messung und letzter Trennung, um das Anwachsen des UX_2 bis zum Gleichgewicht zu gewährleisten. Dann bleibt die Aktivität des Meßpräparates konstant und kann mit der Ausgangsaktivität verglichen werden. Da das Wachstum des Folgeproduktes aus der Muttersubstanz den gleichen zeitlichen Verlauf wie sein Zerfall hat, ergibt sich, daß nach sechs Halbwertszeiten noch 1,5% und nach sieben Halbwertszeiten noch 0,78% an der Gleichgewichtsaktivität fehlen. Bei einem Zerfallspaar wie $^{90}Sr/^{90}Y$ ($\tau_{^{90}Sr} = 19{,}9$ a; $\tau_{^{90}Y} = 62$ h) müßte man etwa 17 Tage warten, bis die Aktivität der Tochtersubstanz ^{90}Y nur noch um ca 1% von der Gleichgewichtsaktivität entfernt ist. Diese vielfach unangenehm lange Wartezeit läßt sich umgehen, wenn man mit Hilfe einer Absorberfolie die Strahlung der Muttersubstanz weitgehend unterdrückt, um die Aktivität der Tochtersubstanz zu erhalten, die dann von der Gesamtaktivität abgezogen werden kann. So reduziert z. B. eine Aluminiumfolie mit dem Flächengewicht 231 mg/cm² den Anteil der ^{90}Sr-Strahlung auf 0,2% und den der ^{90}Y-Strahlung nur auf 30%. Daraus läßt sich die reine ^{90}Sr-Aktivität in der ohne Folie gemessenen Probe errechnen. Die Menge der einzusetzenden Radioisotope richtet sich nach dem Anteil der Gesamtsubstanz, der am Ende eines Versuchs für die Messung zur Verfügung steht. Im allgemeinen wird man so verfahren, daß nach der chemischen Operation in der Meßprobe so viel Impulse vorhanden sind, daß die statistischen Schwankungen der Impulsrate bei begrenzter Meßdauer noch keine Rolle spielen und andererseits die Zählanordnung nicht überlastet ist, man wählt also z. B. für eine Messung mit dem Glockenzählrohr 1000 bis 5000 Impulse/min.

Die analytische Anwendung der Radioindikatoren erstreckt sich sowohl auf Trenn- als auch auf Nachweis- und Bestimmungsmethoden. Aus den Gebieten der Ionenaustausch- und Adsorptionsvorgänge, der Extraktion, der Diffusion und der Festkörperreaktionen sowie der Oberflächen- und Dampfdruckmessungen und vieler anderer Reaktionen in homogenen und heterogenen Phasen sind Tausende von Anwendungsbeispielen bekannt, deren Zahl noch ständig wächst. Ausführliche zusammenfassende Darstellungen findet man bei SUE (bis 1948) [40], BRODA und SCHÖNFELD (bis 1955) [6], sowie in den Materialien der ersten und zweiten Genfer Konferenz über die friedliche Anwendung der Atomenergie (bis 1958).

4.12 Isotopenverdünnungsmethode

Bei der einfachen Isotopenverdünnungsmethode wird dem zu analysierenden Stoff ein Träger aus dem gesuchten Stoff beigemischt, der radioaktiv markiert ist. Unter der Voraussetzung gleicher Verteilung und gleicher chemischer Form von gesuchtem Stoff und markiertem Träger gilt für die in der ursprünglichen Mischung enthaltene Menge des zu bestimmenden Stoffes (M_2) die Beziehung

$$M_2 = \left(\frac{S_1}{S_f} - 1\right) M_1 , \tag{1}$$

wobei S_1 und S_f die spezifischen Aktivitäten von Trägerzusatz und abgetrenntem Reinstoff bedeuten und M_1 die Menge an zugesetztem Träger. Liegt die gesuchte Substanz M_2 in sehr geringen Mengen vor und hat man für den Trägerzusatz keine hohen spezifischen Aktivitäten zur Verfügung, d. h. $M_1 \gg M_2$, so wird der Ausdruck $S_1/S_f - 1$ sehr klein, d. h., S_1/S_f wird nahezu 1 sein. Dann hängen die Ergebnisse stark von einer genauen Bestimmung des

Aktivitätsverhältnisses von Träger und Reinstoff ab, und die normalerweise auftretenden Meßfehler von 3% verursachen große Schwankungen im Resultat. Man wird aus diesem Grunde bestrebt sein, im Trägerzusatz eine hohe spezifische Aktivität zu haben, d. h. das Radioisotop möglichst in gewichtsloser Form zuzugeben.

Will man aus einem Gemisch radioaktiver Substanzen ein Radioisotop isolieren, so benutzt man vielfach das Prinzip der umgekehrten Isotopenverdünnung. Ein inaktiver Träger des gesuchten Elementes wird zugegeben und nach homogener Durchmischung die Trennung ausgeführt. Dabei ist es nicht erforderlich, eine quantitative Abscheidung zu erreichen, da nur die spezifische Aktivität des Reinstoffes interessiert. Dagegen wird die Genauigkeit des Resultates stark von der radiochemischen Reinheit des isolierten Stoffes beeinflußt. Die gesuchte Menge (M_2) wird entsprechend Gleichung (1) durch den Ausdruck

$$M_2 = \frac{1}{\frac{S_2}{S_f} - 1} \cdot M_1$$

dargestellt, in dem M_2 die Menge der zu bestimmenden aktiven Substanz, M_1 die Menge des inaktiven Trägerzusatzes, S_2 und S_f die spezifischen Aktivitäten der Substanz im ursprünglichen Gemisch bzw in der isolierten Fraktion bedeuten.

Den Erfolg der Reinigung wird man stets durch Aufnahme einer Absorptions- bzw Abklingkurve kontrollieren müssen. Reichen diese Reinheitskriterien nicht aus oder sind sie zu ungenau, so kann die isolierte Fraktion weiteren chemischen Trennungen unterzogen werden, wobei nur im Falle radiochemischer Reinheit die spezifische Aktivität sich nicht mehr ändert.

Nach dem Prinzip der umgekehrten Isotopenverdünnung lassen sich Spaltproduktanalysen durchführen (siehe Abschnitt 3.5). Ebenso hat diese Methode bei der Identifizierung von Aminosäuren in Eiweißstoffen wertvolle

Dienste geleistet. Sie kann auch zur Bestimmung verschiedener Stoffe im lebenden Organismus herangezogen werden.

4.13 Aktivierungsanalyse

Trifft ein Teilchenstrahl auf Materie, so erleidet er innerhalb der Substanz ebenso wie andere Strahlenqualitäten eine Absorption. Der Absorptionskoeffizient (α) ist ein Maß für die Änderung der Teilchenzahl (n) längs der Wegstrecke (l)

$$\frac{\mathrm{d}n}{\mathrm{d}l} = n \cdot \alpha .$$

Teilt man den Absorptionskoeffizienten α [cm^{-1}] durch die in 1 cm^3 vorhandene Anzahl von Atomen (N_0), so erhält man den *atomaren Absorptionskoeffizienten* oder *Wirkungsquerschnitt* σ [cm^2], den man sich als ein Maß für die Trefffläche vorstellen kann, die jedes einzelne Atom bietet.

$$\sigma = \frac{\alpha}{N_0}$$

Der absolute Wirkungsquerschnitt σ wird in Einheiten von 10^{-24} cm^2 [= 1 barn (b)] gemessen. Er ist ein Ausdruck für alle Wechselwirkungsmöglichkeiten des ankommenden Teilchens mit dem Atomkern und umfaßt demnach sowohl Einfang- als auch Stoß- und Streuvorgänge.

Bei der Reaktion von Elementarteilchen mit Atomkernen können neue radioaktive Kerne gebildet werden, die sich qualitativ und quantitativ leicht erfassen lassen und ein Maß für die ursprünglich vorhandene Menge an reagierenden Kernen darstellen. Diese Tatsache macht sich der in den letzten Jahren neu entstandene Zweig der radiochemischen Analytik, die Aktivierungsanalyse, zunutze.

Das zeitliche Anwachsen der Radioaktivität während der Bestrahlung hängt von der Größe des Teilchenstromes, des

Wirkungsquerschnitts und der Anzahl der reagierenden Kerne ab; es wird vermindert um die in der gleichen Zeiteinheit nach den Gesetzen des radioaktiven Zerfalls verschwindende Zahl von aktiven Kernen:

$$\frac{\mathrm{d}N}{\mathrm{d}t} = \varphi \cdot \sigma \cdot N - \lambda N^*$$

N = Zahl der reaktionsfähigen Kerne
φ = Teilchenfluß pro cm^2 und sec
σ = Wirkungsquerschnitt
N^* = Zahl der gebildeten radioaktiven Kerne
λ = Zerfallskonstante

Die Integration zwischen den Grenzen $t = 0$ und t ergibt für die Anzahl der radioaktiven Atome N^* nach der Zeit t den Ausdruck

$$N^* = \varphi \cdot \sigma \cdot N \,(1 - \mathrm{e}^{-\lambda t}) \cdot \frac{1}{\lambda}\,.$$

Die unmittelbar nach der Bestrahlung auftretende Aktivität A (Zerfälle/sec) ist mit der Anzahl der radioaktiven Atome N^* durch die Zerfallskonstante λ verknüpft,

$$A = \lambda \cdot N^* = \varphi \cdot \sigma \cdot N \,(1 - \mathrm{e}^{-\lambda t})\,.$$

Bei Bestrahlungszeiten, die ein Vielfaches der Halbwertszeit betragen, wird $\mathrm{e}^{-\lambda t} \ll 1$, so daß sich eine konstante Sättigungsaktivität

$$A_\infty = \varphi \cdot \sigma \cdot N$$

einstellt, die nur noch vom Teilchenfluß, dem Wirkungsquerschnitt und der Anzahl der eingesetzten Atome abhängt. Vor allem Neutronen werden zur Aktivierung für analytische Zwecke verwendet. Gelangen Neutronen in den Bereich der Kernkräfte, so werden sie als ungeladene Teilchen sehr leicht eingefangen (abgesehen von Stoß- und Streuvorgängen). Es entsteht ein energiereicher Zwischenkern, der sich gwöhnlich innerhalb von 10^{-18} bis 10^{-15}sec durch Aussenden von γ-Strahlung stabilisiert ($[n, \gamma]$-Reaktion).

Der Neutroneneinfangquerschnitt eines Kernes hängt in charakteristischer Weise von der Neutronenenergie ab, er ist umgekehrt proportional der Neutronengeschwindigkeit. Neutronen geringerer Geschwindigkeit verweilen länger im Wirkungsbereich des Kernes und haben deshalb als ungeladene Teilchen eine größere Einfangwahrscheinlichkeit. Darum werden Neutronenaktivierungsanalysen vornehmlich mit „thermischen" Neutronen ausgeführt, d. h. solchen mit einer Energie, die der Temperaturbewegung der Teilchen entspricht (mittlere Geschwindigkeit 2200 m sec^{-1}, entsprechend einer Energie von 0,025 eV).

Für die einzelnen Kernarten ist nun der Neutroneneinfangquerschnitt sehr verschieden. Er bewegt sich ungefähr zwischen 0 (^{4}He) und $2{,}6 \cdot 10^{6}$ barn (^{135}Xe). Isotope mit abgeschlossenen Neutronenschalen haben eine geringe Tendenz, weitere Neutronen aufzunehmen, und dementsprechend haben sie einen kleinen Neutroneneinfangquerschnitt.

Beim Bestrahlen eines Gemisches verschiedener Kernarten werden deshalb in Abhängigkeit von σ ganz verschiedene Intensitäten der einzelnen Radioisotope erreicht. Aber nicht nur die unterschiedlichen Einfangsquerschnitte der Ausgangskernarten, sondern vor allem die verschiedenen Halbwertszeiten der gebildeten Radioisotope führen zu Intensitätsunterschieden, die im günstigen Falle einen Nachweis einzelner Bestandteile ohne chemische Abtrennung gestatten. Ist die Halbwertszeit der gebildeten aktiven Kernart gering, so wird beim Bestrahlen die Sättigungsaktivität innerhalb kurzer Zeit erreicht. Elemente, die beim Neutroneneinfang Radioisotope mit Halbwertszeiten zwischen einigen Stunden und wenigen Tagen bilden, eignen sich gut für den Nachweis mit Hilfe der Aktivierungsanalyse. Dagegen würde für langlebige Isotope die Bestrahlungszeit bis zur Erreichung der Sättigungsaktivität unökonomisch lang werden. Weiterhin lassen sich nach der Bestrahlung auch die Energieunterschiede der entstandenen Strahler zur

Charakterisierung heranziehen. Zum Nachweis mit einfachen Zählanordnungen eignen sich vor allem genügend harte β-Strahler (300 keV) und γ-Strahler (80 keV).

4.131 Chemische Trennmethoden der Aktivierungsanalyse

Wenn die Zerlegung der Abklingkurven oder die Unterscheidung der Energien durch Absorber oder γ-Spektrometer nicht zur Identifizierung führt, muß der gesuchte Spurenanteil chemisch isoliert werden. Nach Zusatz von Trägersubstanz wird das interessierende Element abgetrennt. Da das entstandene Radioelement praktisch in gewichtlsosen Mengen vorliegt, ergibt sich aus der chemischen Ausbeute und der spezifischen Aktivität der abgetrennten Trägersubstanz unter Zugrundelegung der eingesetzten Trägermenge die ursprünglich vorhandene Aktivität. Bevor man mit der eigentlichen Trennoperation beginnt, müssen Radioisotop und Träger in die gleiche chemische Form überführt werden. Durch Oxydations- und Reduktionsprozesse läßt sich meist ein vollständiger Austausch erzielen. Handelt es sich um den Nachweis sehr geringer Konzentrationen, so ist es vorteilhaft, vorher den Trennungsgang mit Radioisotopen auszuprobieren und besonders die sorgfältige Abtrennung der Isotope mit ähnlichen Halbwertszeiten zu studieren.

Zur Errechnung der vorhandenen Menge des gesuchten Elements ist die genaue Kenntnis des Neutronenflusses erforderlich. Man ermittelt ihn durch gleichzeitige Bestrahlung eines Goldstandards (für kurze Bestrahlungszeiten) oder Kobaltstandards (für längere Bestrahlungszeiten). Deren Einfangquerschnitte sind sehr genau bekannt, so daß man aus der Aktivität dieser Proben den Neutronenfluß für die Dauer der Aktivierung errechnen kann. Ist der Neutroneneinfangquerschnitt des gesuchten Elements nicht genau genug bekannt, so wird gleichzeitig durch Bestrahlen von Modellproben mit bekanntem Gehalt dieses Elements eine Eichkurve hergestellt, welche die unter gleichen Bedingungen erzielten Aktivitäten in Abhängigkeit von der Konzentration des gesuchten Bestandteils im Gemisch enthält. Daraus ist dann die unbekannte Menge in der Analysenprobe zu entnehmen. Bei Proben, die Elemente mit hohem Neutroneneinfangquerschnitt in größerer Menge enthalten, muß berücksichtigt werden, daß sie ein beträchtliches Absinken des Neutronenflusses in der Probennähe hervorrufen können. Bei gleicher Konzentration des starken Neutronenabsorbers in der Eich- und in der Analysenprobe eliminiert sich der Fehler. In günstigen Fällen läßt sich die störende Absorption rechnerisch erfassen.

4 132 Die Empfindlichkeit der Methode

Die Neutronenaktivierungsanalyse wurde bereits für etwa 70 Elemente erprobt und erwies sich als eine sehr empfindliche Nachweismethode. Bei einem Neutronenfluß von 10^{12} thermischen Neutronen/cm^{2}sec erreicht man für Elemente mit genügend großem Einfangquerschnitt mit einer normalen β-Zähleinrichtung eine Empfindlichkeit von ca 10^{-7} bis 10^{-11} g.

Damit wurden aber keineswegs die Grenzen der Empfindlichkeit erreicht. Bestrahlungen in höheren Neutronenflüssen und Anwendung einer verfeinerten Meßtechnik können die Empfindlichkeit noch wesentlich steigern.

Eine ausführliche Zusammenstellung der bisher beschriebenen aktivierungsanalytischen Bestimmungsmethoden bringt SCHINDEWOLF [41]. Praktische Anwendungsbeispiele in tabellierter Form findet man bei LEDDICOTTE [42].

Zu den wichtigsten Anwendungsgebieten der Neutronenaktivierungsanalyse gehören die Spurenanalyse in der Halbleitertechnik, die Sauerstoffspurenbestimmung in Metallen und die Ermittlung geringster Schwefel- oder Chloridmengen in Metallen und in Verbindungen. Auch für die Teilchengrößenbestimmungen hat sich die Aktivierungsanalyse als Ergänzung zu anderen Methoden bewährt.

4.2 Chemische Radioisotopenanwendung .

Die Anwendung radioaktiver Isotope hat eine außerordentliche Breite gefunden und erstreckt sich auf den Einsatz in der Medizin und Biologie, in der Industrie, in der Landwirtschaft und in allen Zweigen experimenteller Forschung. Der Einsatz radioaktiver Isotope wird in den Veröffentlichungen der zweiten Genfer Konferenz für die friedliche Anwendung der Atomenergie ausführlich beschrieben. In sechs Bänden (ca 2150 Seiten) wird über die Ergebnisse der Radioisotopenanwendung nach dem Stand von 1958 berichtet Seit dieser Zeit hat eine täglich wachsende Fülle von Anwendungsbeispielen die wirtschaftliche und wissenschaftliche Bedeutung von radioaktiven Isotopen noch unterstrichen.

Man kann bei der Radioisotopenanwendung zwei Kategorien unterscheiden, den Einsatz von *geschlossenen* und den Einsatz von *offenen* Präparaten. Die geschlossenen Präparate enthalten radioaktive Stoffe in einer Form, die unter den Bedingungen des Einsatzes einen Kontakt der aktiven Substanz mit ihrer Umgebung verhindert. Je nach dem Verwendungszweck schließt man sie z. B. in verschweißten Kapseln oder Hülsen aus Metall, in Kunststoffbehältern oder in zugeschmolzenen Ampullen ein. Die hauptsächlichsten Anwendungsgebiete der geschlossenen Präparate sind die medizinische Therapie (z. B. ^{60}Co, ^{137}Cs und Ra-Quellen für die Krebsbekämpfung), die Industrie (Strahlenquellen für Dickenmeßgeräte, Füllstandsanzeiger, Kilocuriequellen für die Sterilisation von Heilmitteln und die Konservierung von Lebensmitteln, Gammastrahlenquellen für die zerstörungsfreie Werkstoffprüfung usw) und die Geologie (Neutronenquellen für die Erkundung von Erdöllagerstätten usw).

Während der Radiochemiker sich in bezug auf die geschlossenen radioaktiven Präparate vor allem mit Problemen ihrer Herstellung beschäftigt, fällt der Einsatz von offenen Präparaten zum überwiegenden Teil in sein Arbeitsgebiet. Dabei hat er seine Aufmerksamkeit nicht nur auf die Erzielung der gewünschten Ergebnisse, sondern auch auf die

Verhütung bzw Kontrolle von radioaktiven Verseuchungen zu richten, da bei den offenen Präparaten ein Eindringen von radioaktiven Stoffen in die Umgebung (Reaktionsgut bzw Untersuchungssystem) nicht nur möglich, sondern naturgemäß auch beabsichtigt ist. Deshalb bevorzugt man für diese Zwecke den Einsatz von kurz- und mittellebigen Radioisotopen, bei denen trotz hoher Ausgangsaktivitäten in relativ kurzer Zeit nach der Untersuchung keine Gefährdung mehr auftreten kann und keine radioaktiven Abfälle bearbeitet werden müssen.

Der Einsatz von Radioisotopen in der Forschung ist identisch mit den bei der radiochemischen Analyse erläuterten Methoden, da jede Anwendung von Radioisotopen analytische Bestimmungen einschließt. Das gilt auch für die Benutzung von Radioisotopen bei reaktionskinetischen Untersuchungen, bei Strukturaufklärungen in der organischen Chemie oder bei der Untersuchung von Wachstumsvorgängen in der Physiologie und Biochemie.

Das Gebiet der Altersbestimmung organischer Materialien z. B. wurde erst durch radiochemische Methoden erschlossen (^{14}C-Messungen). Bekanntlich befinden sich in der Atmosphäre geringe Mengen ^{14}C in Form von CO_2. ^{14}C entsteht beim Beschuß von ^{14}N mit kosmischen Strahlen, und jedes Lebewesen enthält in seinen organischen Bestandteilen die gleiche Konzentration an ^{14}C wie die umgebende Atmosphäre. Nach seinem Tode findet kein Austausch über den CO_2-Kreislauf mehr statt, und der in den fossilen Resten enthaltene radioaktive Kohlenstoff zerfällt mit einer Halbwertszeit von 5500 Jahren. Man mißt den ^{14}C-Gehalt eines archäologischen Fundes und kann so dessen Alter bis auf ca 100 Jahre genau bestimmen.

In der Medizin werden offene radioaktive Präparate hauptsächlich für diagnostische Zwecke verwendet. Man verabreicht sie dem Organismus in geeigneter Form und verfolgt die Durchsatzgeschwindigkeit oder die Aufnahmegeschwindigkeit des betreffenden Elements in einem Körperorgan durch den Anstieg der Radioaktivität dieses Organs. Man erhält so wichtige Aufschlüsse über dessen normale oder anormale Funktionsweise (z. B. Anreicherung von ^{131}J in der Schilddrüse). In besonderen Fällen ist auf diese Weise auch die Lokalisation von Tumoren möglich, wenn sie das Radioisotop selektiv speichern.

Therapeutisch werden auch radioaktive Goldkolloide verwendet. Injiziert man eine solche Lösung, so werden die radioaktiven Partikel in den Lymphknoten zurückgehalten und können dort angeschwemmte Krebsmetastasen kurzzeitig ($\tau_{198\mathrm{Au}} = 2{,}6$ d) mit hohen Dosen bestrahlen.

Mit Hilfe von Radioisotopen lassen sich auch die Bedeutung verschiedener Spurenelemente für die Ernährung, die Ausscheidungsgeschwindigkeit bestimmter Stoffe aus dem Organismus, das gesamte Blutvolumen, die Atmungsgeschwindigkeit und viele andere physiologische und biochemische Probleme klären. Es konnten neue Kunstdünger mit höherer Wirksamkeit hergestellt werden, nachdem man mit Hilfe radioaktiv markierter Stoffe die Aufnahmetätigkeit des Pflanzenorganismus und die Wachstumsgeschwindigkeit studiert hatte. Auch die gezielte Entwicklung von Schädlingsbekämpfungsmitteln verbesserte sich nach Versuchen mit indizierten Substanzen.

Ein Verfahren, das bei der industriellen Anwendung von Radioisotopen bisher bei weitem noch nicht in vollem Umfang genutzt wurde, ist der Einsatz kurzlebiger Isotope zum Studium optimaler Produktionsbedingungen in technischen Anlagen. Vielfach liegen den Konstruktionen im chemischen Apparate- und Anlagenbau lediglich empirische Werte zugrunde, und beim Betrieb der Anlagen sind nicht immer die günstigsten Daten in bezug auf Durchlaufzeit, Mengenverhältnisse oder ähnliches bekannt. Durch Tests mit Radioisotopen oder durch kontinuierliche Indizierung des Reaktionsgutes läßt sich hier bei geringstem Kostenaufwand die Rentabilität oft erheblich steigern. Beispielsweise ist die Wirksamkeit einer Zumischung von wenigen Kilogramm zu Tonnen von Schüttgut leicht zu verfolgen. Auch Durchflußmessungen mit radioaktiven Indikatoren haben sich besonders zur Untersuchung technischer Kreisprozesse als außerordentlich nützlich erwiesen.

Obwohl gerade diese Methoden noch ungeahnte Möglichkeiten der Einsparung von Produktionskosten und wertvollem Material in sich bergen, werden sie nur sehr zögernd angewendet, da man oft unsachgemäße Befürchtungen gegen den Einsatz großer Mengen offener radioaktiver Präparate hegt. Bei Verwendung eines Radioisotops mit kurzer Halbwertszeit entfallen aber alle Bedenken in bezug auf den radioaktiven Abfall. Auch wird das Produkt zum Zeitpunkt des Überganges an den Verbraucher keine meßbare Aktivität mehr aufweisen.

Große Mengen kurzlebiger Radioisotope in offener Form werden auch für geologische Untersuchungen eingesetzt, z. B. für die Verfolgung des Grundwasserverlaufs und zur Messung von Strömungsverhältnissen in Seen.

4.3 Produktion radioaktiver Isotope

Die weitverbreitete Anwendung radioaktiver Isotope in der Medizin, Industrie, Landwirtschaft und Forschung hat zur Entwicklung eines ausgedehnten Sortiments kommerziell hergestellter Radioisotope geführt. Gegenwärtig werden in den Ländern mit einer eigenen Radioisotopenproduktion weit über 100 verschiedene radioaktive Isotope angeboten, wovon die meisten durch Neutronenbestrahlung im Reaktor gewonnen werden. Darüber hinaus ist die Zahl der Verbindungen, in denen die einzelnen Isotope erhältlich sind, außerordentlich groß; besonders von den mit ^{14}C, ^{35}S, ^{3}H markierten organischen Präparate werden Hunderte von verschiedenen Verbindungen geliefert. Die Tabelle 9 zeigt die Entwicklung der Radioisotopenproduktion in der DDR während der Jahre 1958 bis 1960.

Tab. 9 Radioisotopenproduktion in der DDR

	1958	1959	1960
Curie/Jahr	0,54	16,6	24,9
Lieferungen/Jahr	12	228	606

4.31 Vorbereitung der Materialien für die Bestrahlung

Das Targetmaterial soll so beschaffen sein, daß eine optimale spezifische Aktivität erzielt wird und nach der Bestrahlung im Reaktor eine leichte Weiterverarbeitung möglich ist. Ein wichtiges Kriterium für die Qualität der hergestellten Radioisotope ist ihre radiochemische Reinheit.

Die radiochemischen Verunreinigungen können verschiedene Ursachen haben. Die meisten sind durch Elementverunreinigungen bedingt, die auch im saubersten Ausgangsmaterial vorhanden sein können. Zur Auffindung der zu erwartenden Fremdkörperaktivitäten bedient man sich der Aktivierungsanalyse, die hier deshalb besonders vorteilhaft ist, weil mit ihr vor allem die störenden Verunreinigungen mit einem hohen Neutroneneinfangquerschnitt nachgewiesen werden.

Beispielsweise dürfen im Eisenoxyd, das zur Herstellung von aktivem Eisen 90 Tage lang im Reaktor bestrahlt wird, höchstens $10^{-4}\%$ Kobalt enthalten sein, wenn das Produkt unter 1% ^{60}Co enthalten soll. Das Targetmaterial muß deshalb vor seinem Einsatz im Reaktor einer sorgfältigen, speziellen chemischen Reinigung unterzogen werden.

Eine weitere Quelle für unerwünschte Fremdaktivitäten ist die gleichzeitige Bildung von zwei oder mehreren radioaktiven Isotopen desselben Elements. Falls sie sich in der Halbwertszeit genügend unterscheiden, kann man durch eine geeignete Bestrahlungszeit bzw durch Liegenlassen nach der Bestrahlung das gesuchte Radioisotop frei von aktiven Isotopen des gleichen Elements erhalten. Am günstigsten ist es, getrennte stabile Isotope zu bestrahlen. So erhält man z. B. ^{59}Fe mit einem Gehalt an ^{55}Fe von weniger als 1%, wenn magnetisch angereichertes ^{58}Fe als Targetmaterial eingesetzt wird.

Die durch Bestrahlung erhaltenen radioaktiven Isotope können ihrerseits Kernreaktionen eingehen und damit die Ursache von Fremdaktivität werden. Ein solcher Ausbrand tritt besonders dann auf, wenn das primär gebildete Radioisotop einen hohen Einfangquerschnitt hat (z. B. ^{152}Eu).

Nach der Herstellung und Reinigung der Targetmaterialien werden die Substanzen in Quarzampullen eingeschmolzen und in Aluminiumkapseln bestrahlt. Durch geeignete Form und Anordnung der Proben muß man bei Targetmaterial

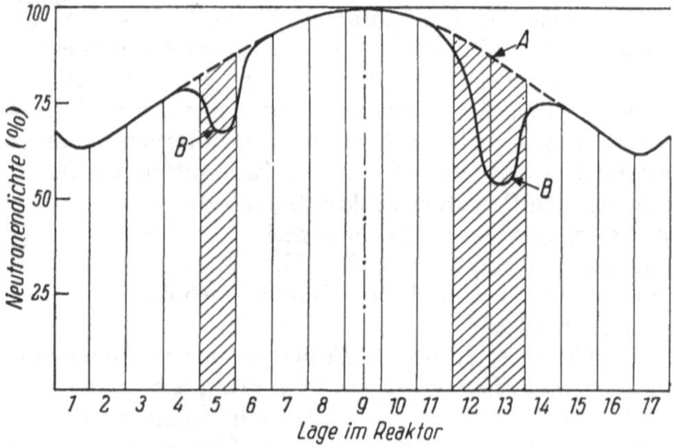

Abb. 38 Änderung der Neutronendichte im Reaktor durch Einbringen von Kaliumchlorid [43]
A normale axiale Neutronenverteilung
B Depression der Neutronendichte in den Bestrahlungssektoren 5, 12 und 13 durch eingebrachtes KCl

mit hohem Neutroneneinfangquerschnitt verhindern, daß die Flußdepression in der Probennähe sich auf benachbarte Kassetten auswirkt (Abb. 38).

Ist die Flußverteilung in den einzelnen Bestrahlungskanälen bekannt, so läßt sich das Bestrahlungsschema (Bestrahlungszeit und Lage im Reaktor) für das gewünschte Radioisotop berechnen.

4.32 *Verarbeitung nach der Bestrahlung*

Ist nach der Bestrahlung das gewünschte Radioisotop verschieden vom Targetelement, oder liegt es in einer Form vor, die sich chemisch von der des Targets abtrennen läßt, so folgt nach dem Entnehmen aus dem Reaktor eine chemische Verarbeitung, die sich bei den im großen Maßstab produzierten Radioisotopen bis zu einer zum Teil ferngesteuerten Technologie entwickelt hat.

4.321 Jod-131

Das radioaktive Jod hält in fast allen Ländern mit eigener Radioisotopenproduktion mengenmäßig in der Verbrauchsliste die Spitze, da es in großem Umfang in der Medizin für diagnostische und therapeutische Zwecke verwendet wird.

^{131}J ($\tau = 8$ d) wurde zunächst durch Bestrahlung von Tellurdioxyd gewonnen, aus dem es über eine (n, γ)-Reaktion des ^{130}Te

$$^{130}\mathrm{Te}\,(n, \gamma)\,^{131}\mathrm{Te} \xrightarrow{\beta} {}^{131}\mathrm{J}$$

durch β-Zerfall des gebildeten ^{131}Te entsteht. Das ^{131}J kann aus dem Tellurtarget auf chemischem Wege isoliert werden (Auflösen und Trennen) oder durch Ausheizen des TeO_2 im Vakuum in einer speziellen Quarzapparatur [44]. Nach dieser Methode können Millicurie-Chargen ^{131}J produziert werden; für größere Beträge wird der Materialeinsatz unrentabel. Außerdem fallen beträchtliche Mengen nicht nutzbarer Abfallaktivitäten an.

Bei der Herstellung von ^{131}J-Chargen über 1 Curie ist es vorteilhafter, das Spaltprodukt-Jod aus bestrahltem Uran oder aus Teilen von Reaktorbrennelementen zu verwenden. Man löst in Salpetersäure auf und treibt das Jod durch Wasserdampfdestillation aus. Nachdem es einer Feinreinigung unterzogen wurde, kann es für medizinische Zwecke eingesetzt werden. Aus den Abgasen der Jod-Destillation läßt sich das radioaktive Edelgas ^{133}Xe ($\tau =$ 5,3 d) gewinnen, das z. B. als idealer Radioindikator zur Prüfung von Rohrleitungen steigendes Interesse findet. Die Spaltprodukt-Abfallösung ist eine Quelle für weitere nützliche kurz- und mittellebige Radioisotope, die in Industrie und Forschung eingesetzt werden können (^{89}Sr, ^{140}Ba, ^{95}Zr, ^{95}Nb, ^{103}Ru usw).

4.322 Jod-132

Soll das Jod für diagnostische Zwecke eingesetzt werden, so ist es zweckmäßiger, mit ^{132}J zu arbeiten ($\tau = 2{,}4$ h). Seine kurze Halbwertszeit vermindert die Strahleneinwirkung auf den Körper, auch entfällt die Beseitigung radioaktiver Körperausscheidungen. In kurzzeitig bestrahltem Uran (z. B. 3 Tage bei 10^{12} n/cm^{2}sec) wächst das ^{132}Te bis auf ca 50% seiner Sättigungsaktivität an. Man läßt das Gemisch zwei Tage abkühlen, so daß kürzerlebige Tellurisotope zerfallen sind, und isoliert dann das ^{132}Te nach Trägerzusatz. Etwas problematisch ist der Versand des kurzlebigen ^{132}J. Nach einem amerikanischen Verfahren wird das ^{132}Te in einem eutektischen Gemisch von LiCl und KCl gelöst, aus dem das gebildete ^{132}J nach Aufheizen mit einem Luftstrom ausgetrieben werden kann [45]. Auch der Versand in einer kleinen, bleigeschützten Destillationsapparatur, aus der das ^{132}J nach Bedarf unter Zusatz von etwas H_2O_2 vom eingesetzten ^{132}Te abdestilliert werden kann, wurde beschrieben. Eine im Zentralinstitut für Kernphysik in Dresden-Rossendorf entwickelte Methode fixiert das Tellur irreversibel an Ionenaustauschern, von denen das ^{132}J vor der Verwendung mit destilliertem Wasser heruntergespült wird [46].

4.323 Kohlenstoff-14

Die Herstellung von radioaktivem Kohlenstoff ^{14}C erfolgt über eine (n, p)-Reaktion durch Bestrahlen stickstoffhaltiger Verbindungen

$$^{14}_{7}\mathrm{N}\,(n, p)\,^{14}_{6}\mathrm{C}\,.$$

Anfänglich wurde dafür eine durch den Reaktor zirkulierende Ammoniumnitratlösung benutzt, aus der das gebildete ^{14}C kontinuierlich ausgetrieben wurde. Aus verfahrenstechnischen Gründen hat man später festes Calciumnitrat und Nitride von Aluminium oder Beryllium vorgezogen. Die Nitridpillen werden nach der Bestrahlung (1 bis 5 Jahre im Reaktor) in halbkonzentrierter Schwefelsäure unter Zusatz von H_2O_2 gelöst und die kohlenstoffhaltigen Verbindungen im Stickstoffstrom ausgetrieben. Sie bestehen vor allem aus CH_4, CO_2, CO sowie geringen Mengen HCN und werden an CuO-Kontakten zu CO_2 oxydiert. Das $^{14}CO_2$ wäscht man mit Natronlauge heraus und fällt das Carbonat als $Ba^{14}CO_3$ aus. Bariumcarbonat mit einem ^{14}C-Anteil von 2 bis 30% dient als Ausgangsmaterial bei der Herstellung der verschiedensten Schlüsselsubstanzen (Natriumcyanid, Bariumcarbid, Methanol, Bariumcyanamid usw), die ihrerseits eine Vielzahl von Synthesen ermöglichen. Die Synthesemöglichkeiten auf der Basis von Bariumcarbid sind der Abbildung 39 zu entnehmen.

Die Technologie dieser Prozesse ist so weit durchgebildet, daß, ausgehend von $^{14}C_2H_2$, Endprodukte mit einer Aktivität von einigen Millicurie bis zu Curiebeträgen pro Charge erhalten werden [43].

4.324 Schwefel-35

Radioaktiver Schwefel ^{35}S wird ebenfalls für viele organische Synthesen benutzt. Seine Herstellung im Reaktor erfolgt durch Bestrahlen chlorhaltiger Verbindungen über einen (n, p)-Prozeß.

$$^{35}_{17}Cl\ (n, p)\ ^{16}_{35}S$$

Im Targetmaterial (KCl) entstehen außerdem ^{36}Cl (aus ^{35}Cl durch eine (n, γ)-Reaktion) sowie geringe Mengen ^{32}P (durch eine (n, α)-Reaktion). Die Radioaktivität des gleichzeitig erzeugten ^{42}K ist sehr kurzlebig, so daß man dessen Zerfall abwarten kann. Der radioaktive Schwefel liegt in den

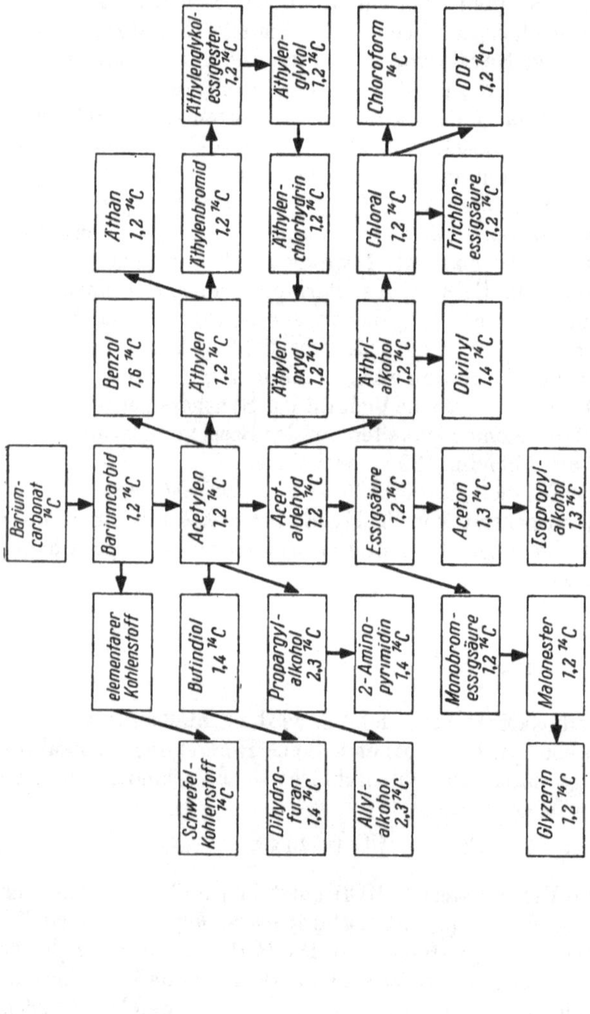

Abb. 39 Schema der Synthese ^{14}C-gezeichneter Verbindungen auf der Grundlage von Bariumcarbid-(1,2—^{14}C) [43]

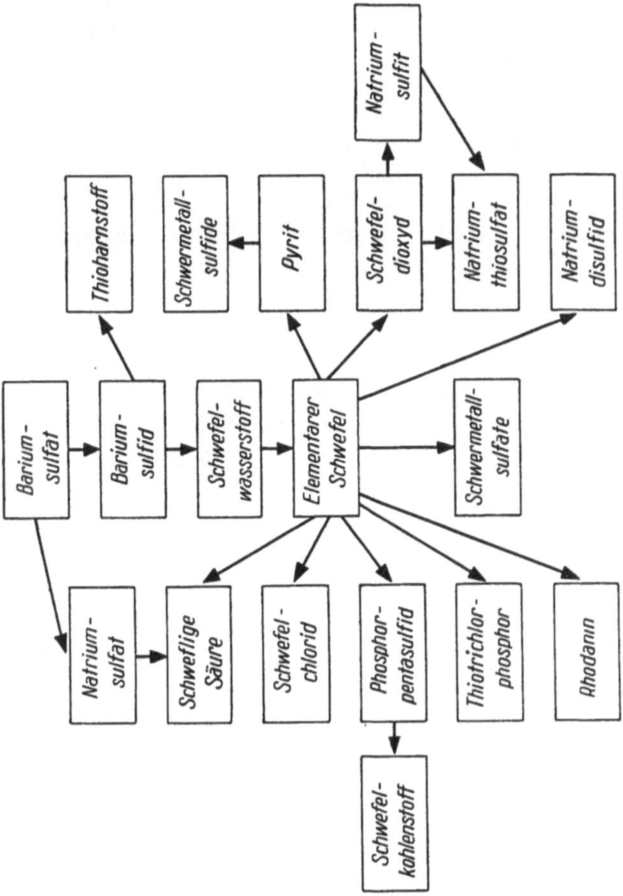

Abb. 40 Schema der Synthesestufen von ^{35}S-Verbindungen [43]

KCl-Kristallen als Sulfat vor. Er wird isoliert, indem man das in Wasser aufgelöste Targetmaterial zur Entfernung des Kaliums einen Kationenaustauscher (H^+-Form) passieren läßt und das Eluat (Salzsäure) eindampft. Der Schwefel verbleibt in Form von Schwefelsäure im Rückstand und kann mit 0,1 n Salzsäure von den Gefäßwänden gelöst werden. Die Spuren von ^{32}P läßt man entweder zerfallen oder entfernt sie selektiv an einer Al_2O_3-Kolonne. Dann enthält die Lösung praktisch trägerfreien Schwefel-35. Aus ihm werden über fünfzig ^{35}S-markierte organische Verbindungen kommerziell hergestellt. Das Synthesediagramm für die Ausgangsstufen zeigt Abbildung 40.

4.325 *Phosphor-32*

^{32}P wird in großen Mengen vor allem für medizinische und landwirtschaftliche Untersuchungen gebraucht. Man bestrahlt Kilogramm-Mengen von hochgereinigtem Schwefel im Reaktor und erhält daraus Curie-Chargen von ^{32}P nach der Reaktion

$$^{32}_{16}S\,(n, p)\,^{32}_{15}P\,.$$

Die Aufarbeitung des Targetmaterials erfolgt durch Extraktion des Schwefels, der in chlorierten Kohlenwasserstoffen gelöst wurde, oder durch Absublimieren des Schwefels.

4.326 *Tritium*

Zur Herstellung von Tritium ^3H benutzt man die Reaktion

$$^6_3Li\,(n, \alpha)\,^3_1H\,,$$

die mit thermischen Neutronen des Reaktors in guter Ausbeute verläuft. Die Synthese markierter organischer ^3H-Verbindungen erfolgt nach Wilzbach [47] am einfachsten, indem man die organische Substanz in der Gasphase mit

Tritium von bestimmtem Druck mischt. Die Strahlungsenergie des ^{3}H aktiviert die organischen Moleküle, so daß eine Reaktion stattfinden kann. Tritiumorganische Verbindungen mit einer definierten Stellung des ^{3}H im Molekül werden synthetisiert durch Umsetzung von ungesättigten organischen Verbindungen mit elementarem ^{3}H, mit tritiertem Lithiumaluminiumhydrid oder durch Hydrolysereaktionen metallorganischer Verbindungen in $^{3}H_2O$.

4.327 Gold-198

Für die Krebstherapie werden große Mengen Goldkolloide gebraucht. Das Gold muß nach der Bestrahlung [(n, γ)-Reaktion] in eine stabile Kolloidlösung verwandelt werden. Durch Reduktion der Goldchloridlösung, z. B. mit Ascorbinsäure in Gegenwart eines Schutzkolloides (Gelatine), erhält man das kolloidale Gold in Form eines hochroten Sols.

4.328 Verschiedene Radioisotope

Für die Darstellung der verschiedensten anderen Radioisotope, z. B. von ^{59}Fe, ^{124}Sb, ^{82}Br, ^{18}F, ^{58}Co, ^{63}Ni, ^{45}Ca, ^{45}Sc gibt es spezielle Methoden, die entweder auf Szilard-Chalmers-Trennungen beruhen oder im Falle von (n, p)-Reaktionen mit den gebräuchlichen radiochemischen Verfahren arbeiten. Der Bedarf an diesen Radioisotopen ist gegenwärtig im Vergleich zu den oben aufgeführten nicht sehr groß.

Radioisotope für Forschungszwecke können auch im Zyklotron erzeugt werden. Beispielsweise stellt die Gewinnung von ^{22}Na ($\tau = 2{,}6$ a) eine wertvolle Ergänzung für das im Reaktor produzierte kurzlebige ^{24}Na ($\tau = 15$ h) dar [48]. Es entsteht in einer (d, α)-Reaktion aus Magnesium, das mit einem Deuteronenstrom bombardiert wird.

In letzter Zeit haben sich die Entwicklungsarbeiten auf dem Gebiet der Radioisotopenproduktion vor allem auf die Herstellung von Kilocuriequellen aus Spaltproduktabfällen konzentriert. Die Nutzung von Spaltprodukten als Bestrahlungsquellen ist natürlich an das Vorhandensein von Aufarbeitungsanlagen für bestrahlte Kernbrennstoffe gebunden. Ihre Herstellung in größerem Umfang wird erst dann wirtschaftlich tragbar, wenn große Mengen von Prozeßabfällen zur Verfügung stehen. Besonderes Interesse beanspruchen starke ^{137}Cs- und ^{90}Sr-Quellen. Aber auch ^{106}Ru, ^{144}Ce u. a. werden als Kilocuriequellen eingesetzt.

4.4 Aufarbeitung bestrahlter Kernbrennstoffe

Die Kernspaltungsreaktionen zeigten den Weg zu einer neuen Energiequelle. Als *Kernbrennstoffe*, d. h. Isotope, die unter Einwirkung thermischer Neutronen gespalten werden, stehen uns ^{233}U, ^{235}U und ^{239}Pu zur Verfügung. Das ^{235}U, das zu 0,7% im natürlichen Uran vorhanden ist, kann beispielsweise nach der folgenden Gleichung mit thermischen Neutronen reagieren:

$$^{235}_{92}\mathrm{U} + {}^{1}_{0}n \rightarrow {}^{148}_{57}\mathrm{La} + {}^{85}_{35}\mathrm{Br} + 3\,{}^{1}_{0}n\,.$$

Die genaue Massengleichung für diesen Vorgang lautet:

$$235{,}124 + 1{,}009 \rightarrow 147{,}961 + 84{,}938 + 3{,}027\,.$$

Bildet man die Summe der Masseneinheiten auf beiden Seiten der Gleichung, so ergibt sich eine Massendifferenz von 0,207 Einheiten. Umgerechnet nach der Energie-Masse-Beziehung entspricht das einer Energie von ~ 200 MeV bzw $3{,}2 \cdot 10^{-4}$ erg oder $3{,}2 \cdot 10^{-11}$ Ws. Die vollständige Spaltung sämtlicher in 1 g ^{235}U enthaltenen Atome liefert demnach

$$\frac{3{,}2 \cdot 10^{-11}\,\mathrm{Ws} \cdot 6{,}023 \cdot 10^{23}}{235{,}124} = 8{,}2 \cdot 10^{10}\,\mathrm{Ws}$$

oder in Megawatt-Tag ausgedrückt

$$\frac{8{,}2 \cdot 10^{10}}{3{,}6 \cdot 10^{3} \cdot 24 \cdot 10^{6}} \sim 1\,\mathrm{MWd}\,.$$

Wird also 1 g ^{235}U im Laufe eines Tages gespaltet, so liefert es annähernd 1 MW. Natururan enthält 7000 g ^{235}U pro t Uran, von denen etwa 3000 g bei einem Einsatz im Reaktor ausgebrannt werden können. Die Anhäufung von Spaltprodukten mit einem großen Neutroneneinfangquerschnitt sowie die Deformation der Brennstäbe nach einer gewissen Brenndauer verhindern die völlige Ausnutzung des spaltbaren Materials. Außerdem entsteht im Verlaufe der Bestrahlung durch Neutroneneinwirkung auf ^{238}U das Plutoniumisotop 239, das nach seiner Abtrennung von Uran und den Spaltprodukten wiederum als Kernbrennstoff verwendet werden kann. Die neu erzeugten oder nicht verbrauchten Spaltstoffe nach der Bestrahlung zu isolieren ist Aufgabe der Kernbrennstoffaufarbeitung, die neben der Produktion und Anwendung radioaktiver Isotope das zweite Hauptgebiet der angewandten Radiochemie darstellt. Über die Stellung der Aufarbeitungsprozesse im Kernbrennstoffzyklus gibt Abbildung 41 Auskunft.

Bei der Abschätzung von Aufarbeitungsproblemen im Rahmen eines Kernkraftwerksprogrammes muß man wissen, welche Uranmengen jährlich als ausgebrannter Kernbrennstoff von einem bestimmten Kraftwerk anfallen.

Der Ausbrand wird in Megawatt-Tag pro Tonne (MWd/t) angegeben, z. B. ergäbe ein Verbrauch von 3 kg ^{235}U pro Tonne Uran einen Ausbrand von 3000 MWd/t.

Ein Kraftwerk mit 70 MW elektrischer Leistung soll mit 10000 MWd/t arbeiten und einen Gesamteinsatz von 20 t leicht angereichertem Uran haben. Die Wärmeleistung beträgt 280 MW. Die Gesamtbrenndauer des eingesetzten Urans ergibt sich dann zu

$$\frac{20\,\text{t} \cdot 10000\,\text{MWd/t}}{280\,\text{MW}} = 714\,\text{d}.$$

In ungefähr 2 Jahren sind also die 20 t Uran ausgebrannt, d. h., pro Jahr fallen etwa 10 t bestrahlter Kernbrennstoffe für die Aufarbeitung an. Darin befinden sich ca 100 kg

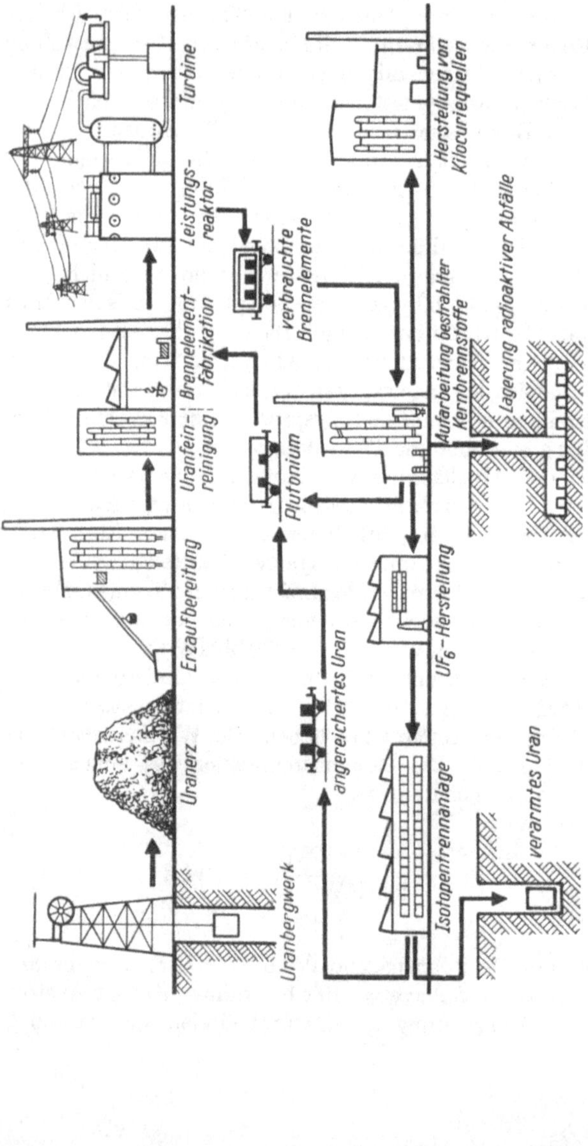

Abb. 41 Kernbrennstoffzyklus

Spaltprodukte mit einer Gesamtaktivität von $4 \cdot 10^7$ Curie (nach 100 Tagen Abkühlzeit).

Die Aufarbeitungsmethoden kann man in zwei Gruppen aufteilen: in wässerige und in nichtwässerige Verfahren. Zu den ersteren gehören die Fäll-, Ionenaustausch- und Extraktionsprozesse, zu den letzteren die Fluorierung und pyrometallurgische Verfahren wie Destillation der Metalle, Extraktion mit geschmolzenen Salzen oder Metallen, Schmelzen und Umgießen, oxydative Verschlackung und Elektroraffination.

Nur die wässerigen Aufarbeitungsverfahren haben entweder als Gesamtreinigungsmethoden, wie z. B. die Extraktion, oder als Teilverfahren innerhalb der extraktiven Aufarbeitung, wie z. B. der Ionenaustausch, eine großtechnische Bedeutung erlangt. Die nichtwässerigen Prozesse blieben bisher auf halbtechnische Anlagen (Fluorierung, Schmelzen und Umgießen) oder Laborversuche beschränkt.

4.41 Wässerige Aufarbeitungsverfahren (Solventextraktion)

Alle Extraktionsmethoden benutzen die Unterschiede in den Verteilungskoeffizienten von Uran, Plutonium und Spaltprodukten zwischen einer wässerigen, nitrathaltigen Lösung und einer organischen Phase zur Abtrennung der Spaltmaterialien. Das Nitratsystem wurde nicht nur wegen der günstigen Verteilungsdaten gewählt, sondern auch wegen der geringeren Korrosionsraten in Behältermaterialien aus rostfreiem Stahl, beispielsweise im Vergleich zu einem Chloridsystem.

4.411 Herstellung der Kernbrennstofflösung

Der erste Schritt bei der Aufarbeitung fester Kernbrennstäbe besteht darin, das Hüllenmaterial zu entfernen, welches den stab- oder plattenförmigen Brennstoffkern aus Stabilitäts- und Korrosionsschutzgründen umgibt. Es läßt sich auf chemischem Wege herunterlösen oder mechanisch entfernen.

Bei der mechanischen Entmantelung entsteht ein geringes wässeriges Abfallvolumen, jedoch treten oft höhere Uranverluste auf, da die Stäbe sich nach der Bestrahlung verformt haben. Das Schleifen, Walzen oder Abfräsen, das Schneiden, Abschweißen oder Abspanen sind Methoden, die zum Teil erst im Versuchsmaßstab entwickelt wurden.

Die chemische Ablösung des Hüllenmaterials wird so geführt, daß der Kern nicht mit angegriffen wird. Läßt sich das nicht einhalten, so ist es besser, Hülle und Kern gemeinsam zu lösen.

Für die drei wesentlichsten Hüllenmaterialien Aluminium, Zirkon bzw Zirkonlegierungen und rostfreier Stahl wurden spezielle Ablöseverfahren entwickelt. Aluminiumhüllen entfernt man mit Natronlauge, welcher zur Verringerung der Wasserstoffentwicklung $NaNO_3$ zugesetzt wird. Zirkon oder Zirkonlegierungen lassen sich in wässeriger Flußsäure oder wässerigem Ammoniumhydrogenfluorid selektiv ablösen. Hüllen aus rostfreiem Stahl löst man mit 6 m Schwefelsäure (Sulfex-Prozeß).

Die Brennstoffkerne bestehen aus metallischem Uran, aus zirkon- oder stahllegiertem Spaltmaterial, aus keramischem Spaltmaterial (Oxyde, Carbide) oder aus Metallkeramiken. Auch feste Suspensionen von UAl_4 in Aluminium werden benutzt. Für Kraftwerke bevorzugt man Brennstäbe, die trotz hoher Temperaturen und langer Bestrahlungszeiten nur wenig deformiert werden. Diesen Anforderungen entsprechen z. B. keramische Brennstoffkerne, die mit Zirkon oder Stahl umhüllt sind. Forschungsreaktoren werden oft mit höher angereichertem Uran betrieben; die Temperaturbedingungen sind hierbei nicht so extrem. Desgleichen braucht man für die Plutoniumproduktionsreaktoren keine besonderen Anforderungen an Temperaturbeständigkeit und lange Standzeit zu stellen, und es wird hauptsächlich metallisches Uran mit Hüllen aus Aluminium eingesetzt.

Tab. 10

Lagerung						
Auseinandernehmen der Brennstoffkassetten						
gemeinsames Auflösen von Hülle und Kern			Entmanteln			
Al-Hülle U-Kern	Zr-legierte Brennelemente	stahllegierte Brennelemente	mechanisch	chemisch		
				Al-Hülle	Zr-Hülle	Stahl-Hülle
HNO_3	a) HF/HNO_3 b) Zircex (HCl) c) HCl/C_2H_5OH	a) Darex (HCl/HNO_3) b) Sulfex (H_2SO_4, HNO_3)	Walzen Schneiden Schleifen usw.	$NaOH + NaNO_3$	a) HF b) 6 m NH_4F + 1 m NH_4NO_3 c) HCl	6 m H_2SO_4 (Sulfex)

Lösen der Brennstoffkerne	
a) U metallisch	8 m HNO_3
b) UO_2/PuO_2, ThO_2/UO_2	13 m HNO_3 mit Fluoridzusatz
c) UO_2	16 m HNO_3
d) Legierungen	siehe gemeinsames Auflösen von Hülle und Kern

Tab. 11

Element	Atom-%	Gew.-%	Curie pro Grammatom des Elementes	
			β	γ
Antimon	0,02	0,02	0	0
Barium	4,42	5,22	2140	640
Brom	0,07	0,05	0	0
Cadmium	0,03	0,03	25100	500
Cäsium	7,86	9,06	1830	1690
Cer	7,44	9,01	257000*	56800*
Europium	0,08	0,11	0	0
Gadolinium	0,01	0,02	0	0
Indium	0,01	0,01	0	0
Jod	0,62	0,68	274	274
Krypton	2,09	1,52	2970	22,6
Lanthan	3,10	3,69	3500	3500
Molybdän	11,48	9,61	vernachlässigbar	vernachlässigbar
Neodym	9,70	12,03	187	187
Niob	0,35	0,28	3740000	3740000
Palladium	0,63	0,57	0	0
Praseodym	2,78	3,36	474000	0
Promethium	1,11	1,40	138000	0
Rhodium	1,39	1,23	0	0
Rubidium	1,94	1,43	0	0
Ruthenium	5,63	4,92	50200**	75800**
Samarium	1,25	1,57	0	0
Selen	0,20	0,14	0	0
Silber	0,01	0,01	0	0
Strontium	4,75	3,63	76600***	0
Technetium	3,05	2,48	0	0
Tellur	1,27	1,42	14900	29800
Xenon	10,43	11,96	0,292	0,292
Yttrium	2,60	1,99	260000	22630
Zinn	0,04	0,04	0	0
Zirkon	15,64	12,51	49900	49400
Summe	100,00	100,00		

* Einschließlich Aktivität des ^{144}Pr

** Einschließlich Aktivität des ^{103m}Rh und ^{106}Rh

*** Einschließlich Aktivität des ^{90}Y

Zum Auflösen der Kerne aus metallischem Uran oder aus Oxyden der Spaltmaterialien wird Salpetersäure verschiedener Konzentration verwendet. Handelt es sich um zirkon- oder stahllegierte Kerne, so müssen Hülle und Kern gemeinsam gelöst werden. Für zirkonlegierte Brennelemente kann eine HF-HNO_3-Mischung verwendet werden, oder man löst in Salzsäure (Zirkex-Verfahren). Zum Lösen der stahllegierten Brennstäbe benutzt man verdünnte HCl-HNO_3-Mischungen (Darexverfahren) oder verfährt nach dem Sulfex-Prozeß (siehe oben).

Wenn nach dem Auflösen eine fluorid-, chlorid- oder sulfathaltige Lösung vorliegt, so muß sie in eine Nitratlösung umgewandelt werden, da sonst Störungen in den Verteilungsdaten und höhere Korrosionsraten auftreten.

Tabelle 11 zeigt die Zusammensetzung und die Aktivität der Spaltprodukte nach typischen Bestrahlungs- und Abkühlungsbedingungen.

In der zur Extraktion kommenden Nitratlösung befinden sich außer den Spaltmaterialien und Spaltprodukten auch die Salze von Legierungs- und Hüllenbestandteilen sowie Korrosionsprodukte aus den Lösebehältern.

4.412 Solventextraktion

Die für den großtechnischen Einsatz bei Aufarbeitungsprozessen gebräuchlichsten Extraktionsmittel sind das Tributylphosphat (TBP), gelöst in Kohlenwasserstoffen, das Methylisobutylketon (MIBK, Hexon) und der Diäthylenglykoldibutyläther (DBC, Dibutylcarbitol).

Ein Beispiel für typische Verteilungskoeffizienten bei der TBP-Extraktion wird in Tabelle 12 gegeben (Purex-Prozeß).

Die Werte in Tabelle 12 zeigen, daß Uran und vierwertiges Plutonium sich sehr gut extrahieren lassen, während die Spaltprodukte und dreiwertiges Plutonium kaum in die organische Phase übergehen. Darauf gründet sich die Abtrennung der Spaltmaterialien. Uran und vierwertiges Plu-

Tab. 12 Verteilungskoeffizienten für Uran, Plutonium und Spaltprodukte bei der Extraktion aus einer Lösung von 25 °C [49]

Ion	Verteilungskoeffizient (organische Phase/wässerige Phase)
U-VI	8,1
Pu-IV	1,55
Pu-VI	0,62
HNO_3	0,07
Zr	0,02
Ru	0,01
Pu-III	0,008
Nb	0,005
Seltene Erden	0,002

Wässerige Phase vor der Gleichgewichtseinstellung
3 m HNO_3; 200 g Uran/*l*.

Organische Phase (30%iges TBP) nach der Gleichgewichtseinstellung:
60% Sättigung.

tonium werden zunächst gemeinsam extrahiert und somit von den Spaltprodukten befreit. Danach reduziert man das Plutonium zur dreiwertigen Stufe und kann auf Grund der großen Unterschiede der Verteilungskoeffizienten von U-VI und Pu-III das Plutonium vom Uran abtrennen. Das Schema eines solchen typischen Extraktionszyklus wird in Abbildung 42 gezeigt.

Dieser Drei-Kolonnen-Zyklus besteht aus einem Extraktions-, einem Trenn- und einem Rückextraktionsteil. Im ersten Teil wird der Ausgangslösung, die in der Mitte der Extraktionskolonne eingespeist wird, ein von unten aufsteigender Lösungsmittelstrom entgegengeschickt, der aus der nach unten absinkenden wässerigen Phase das Uran und das Plutonium-IV herauslöst. Die hochaktive wässerige Abfallösung tritt am unteren Ende der Kolonne aus und enthält nahezu alle Spaltprodukte. Die oben abfließende organische Phase mit dem Uran-VI und dem Plutonium-IV wird der Trennkolonne (zweiter Teil) in der Mitte zugegeben. Von oben fließt ihr eine wässerige Reduktionsmittellösung entgegen. Sie enthält Ferrosulfamat und reduziert das

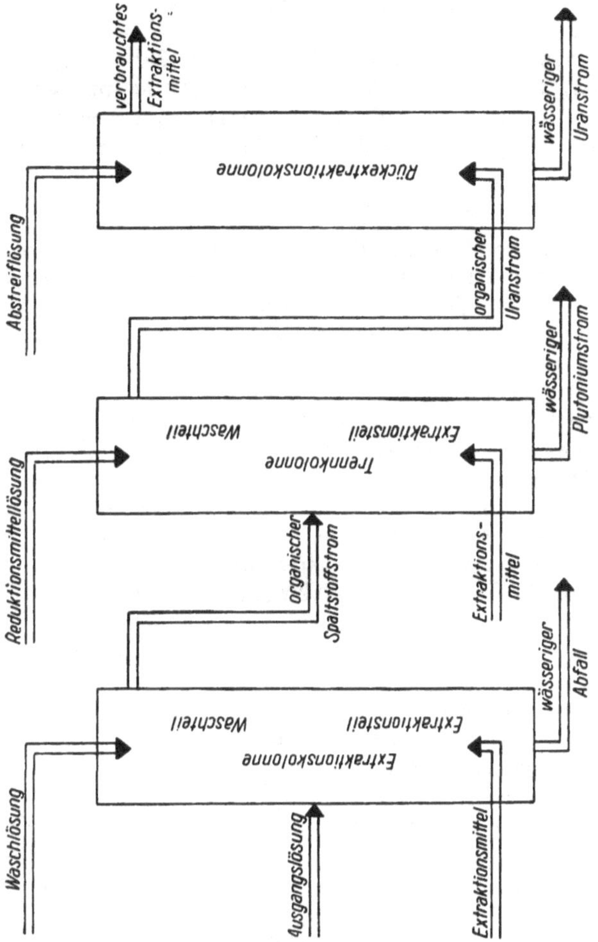

Abb. 42 Schema eines Extraktionszyklus

Plutonium-IV nach der Gleichung

$$Pu^{4+} + Fe^{2+} \rightleftharpoons Pu^{3+} + Fe^{3+}.$$

Das Sulfamation dient hierbei nur zur Zerstörung von Nitrit, das in Abwesenheit von Sulfamat die autokatalytische Oxydation des Fe-II zum Fe-III verursachen und somit eine quantitative Pu^{4+}-Reduktion verhindern würde.

$$NH_2SO_3^- + NO_2^- \rightarrow N_2 + SO_4^{2-} + H_2O$$

Die aus der Trennkolonne ausfließende wässerige Lösung enthält das Plutonium, während das Uran in der organischen Phase bleibt und den Kolonnenkopf verläßt. Es wird im dritten Teil des Zyklus in die wässerige Phase reextrahiert.

Je nach den Reinheitsanforderungen und den Prozeßbesonderheiten werden bis zu vier solcher Extraktionszyklen hintereinandergeschaltet. Im ersten Zyklus erreicht man gewöhnlich eine Spaltproduktentseuchung von 10^3 bis 10^4. Die Wirksamkeit in bezug auf Spaltproduktabtrennung ist in den folgenden Zyklen geringer, da die verbleibenden Verunreinigungen von schwerer abtrennbaren Spaltprodukten wie Ruthenium und Zirkon/Niob herrühren. Das Uran wird — soweit es wieder verwendet werden soll — durch Fällprozesse aus der wässerigen Lösung abgeschieden und in Urandioxyd oder metallisches Uran überführt. Wurde angereichertes Uran verwendet, so kann das aufgearbeitete Produkt zum leicht flüchtigen UF_6 umgesetzt werden, das in den Diffusionstrennanlagen erneut auf den erforderlichen ^{235}U-Gehalt gebracht wird. Das Plutonium enthält noch Uran und Spaltprodukte und muß deshalb einer Feinreinigung unterzogen werden, die entweder ebenfalls auf extraktivem Wege erfolgt oder ein Ionenaustauschverfahren benutzt.

Die erste Stufe dieser Ionenaustauschreinigung besteht in der Adsorption des dreiwertigen Plutoniums aus schwach saurer Lösung an einem Kationit vom Typ Dowex 50. Dann wäscht man mit 0,25 m H_2SO_4 unter Zusatz von 0,05 m

Hydroxylaminsulfat (um Plutonium in der dreiwertigen Stufe zu halten) das Uran von der Säule, das unter diesen Bedingungen Komplexe mit Sulfat eingeht, die nicht an Kationiten adsorbiert werden. Um weitere Spaltproduktverunreinigungen zu entfernen, wird noch einmal mit 0,1 bis 0,25 m Salpetersäure gewaschen, die 0,05 m Hydroxylaminsulfat enthält. Danach wird mit 5,7 m HNO_3 unter Zusatz von Sulfaminsäure (Nitritbeseitigung) das gereinigte Plutonium eluiert [50].

Andere Verfahren benutzen die Adsorption des vierwertigen Plutoniums aus 5 m Salzsäure an stark basischen Anionenaustauschern zur Trennung von den Spaltprodukten. Auch aus 7 m Salpetersäure kann Plutonium-IV an Anioniten festgehalten werden, während die Spaltprodukte durchlaufen. Mit verdünnten Säuren, in denen Plutonium-IV keine anionischen Chloro- bzw Nitratokomplexe bildet, läßt es sich wieder desorbieren.

Das gereinigte Plutonium kann in das Metall verwandelt werden, indem man aus der Lösung das Oxalat oder das Peroxyd fällt, die über das Oxyd zum PuF_4 perfluoriert werden. Das PuF_4 läßt sich mit Calcium zum Metall reduzieren.

Tab. 13 Die wichtigsten Extraktionsprozesse

Prozeß	Extraktionsmittel
A. Extraktion des U und Pu aus natürlichem, leicht angereichertem Uran	
Purex-	20 – 40% TBP in KW
Butex-	DBC
Redox-	MIBK
B. Extraktion des angereicherten Urans	
Hexon-25-	MIBK
TBP-25-	5 – 10% TBP in KW
C. Extraktion von ^{233}U aus Thorium	
Hexon-23-	20% MIBK
TBP-23-	20% TBP in KW
Thorex-	42,5% TBP in KW

In Tabelle 13 sind die wichtigsten Extraktionsprozesse zusammengefaßt. Für die Plutoniumproduktion dienen vor allem der Purex-, Butex- und Redoxprozeß. Die Rückgewinnung des nichtverbrauchten angereicherten Urans (Forschungsreaktoren) erfolgt nach dem Hexon-25- oder TBP-25-Prozeß. Dabei spielt die Plutoniumisolierung keine Rolle. Zur Isolierung des spaltbaren ^{233}U aus Thorium werden der Hexon-23-, TBP-23- oder Thorexprozeß benutzt.

4.42 *Nichtwässerige Aufarbeitungsprozesse*

Nichtwässerige Aufarbeitungsprozesse stellen bereits jetzt eine wertvolle Ergänzung der Solventextraktionsverfahren dar. Sie werden mit zunehmender Anzahl von Leistungsreaktoren für die Kernenergiegewinnung steigende Bedeutung erlangen, entweder als Gesamtreinigungsverfahren oder als Auflöseprozesse für die chemisch hochresistenten Brennstäbe solcher Reaktoren.

4.421 *Fluorierungsprozeß*

Im Maßstab von Versuchsanlagen wurden für spezielle Brennstofftypen bereits Fluorierungsverfahren eingesetzt. Das Prinzip der Trennung beruht auf der Umwandlung des Urans in das leicht flüchtige UF_6, das durch einfache Destillation von den schwer flüchtigen Spaltproduktfluoriden abgetrennt werden kann.

Der Vorteil gegenüber wässerigen Verfahren besteht darin, daß das Prozeßprodukt UF_6 gleich wieder in Diffusionstrennanlagen zur Anreicherung des ^{235}U eingesetzt werden kann. Außerdem läßt sich die Entseuchung in nur zwei Prozeßschritten erreichen, einer Destillation und einer Adsorption-Desorption des UF_6. Weiterhin ist ein ökonomisch nicht zu unterschätzender Vorteil darin zu sehen, daß die Spaltproduktabfälle in sehr kompakter Form vorliegen und keiner weiteren kostspieligen Konzentrierung bedürfen.

Es haben sich zwei Verfahren herausgebildet, die je nach der Art der Brennelemente eingesetzt werden. Für Brennstoffe, die wenig oder gar keine Legierungsbestandteile enthalten (natürliches oder leicht angereichertes Uran), benutzt man Interhalogenverbindungen vom Typ des BrF_3

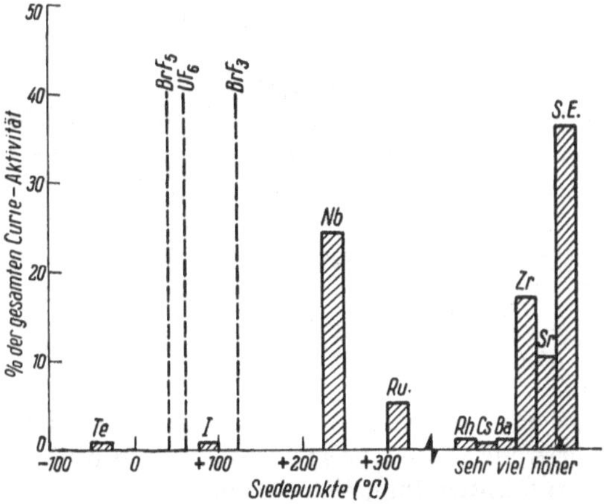

Abb. 43 Bruchteil der Gesamtaktivität der Spaltproduktfluoride als Funktion ihrer Siedepunkte [51]

oder ClF_3 zum Auflösen und arbeitet bei Temperaturen bis zu 130 °C. Anschließend wird das UF_6 abdestilliert.

Brennstoffe mit größeren Mengen an Legierungsbestandteilen (Zirkonlegierungen, hochangereichertes Uran) werden erst in einem geschmolzenen Salzbad (Fluoride) bei 600 bis 800 °C mit Fluorwasserstoff umgesetzt und danach das gebildete UF_4 mit elementarem Fluor oder mit Interhalogenverbindungen (BrF_3, BrF_5, ClF_3) zum UF_6 fluoriert, welches wiederum destillativ entfernt werden kann.

Ein direkter Umsatz der Kernbrennstoffe mit elementarem Fluor läßt sich schlecht beherrschen, da die Ableitung der starken Reaktionswärme im System fest—gasförmig schwierig ist. Deshalb werden für das kontinuierliche Niedertemperaturverfahren flüssige Fluorierungsmittel wie BrF_3 und ClF_3 verwendet, die während der Auflösung eine Art Kühlkreislauf durchströmen. Anschließend muß das Gemisch von UF_6 und Interhalogenverbindungen destillativ getrennt werden.

Die angereicherten Brennstäbe von Schiffsantriebsreaktoren oder Mehrzonen-Leistungsreaktoren — z. B. vom Druckwassertyp — sind mit Zirkon oder Stahl legiert bzw umhüllt und lösen sich nicht in flüssigen Interhalogenverbindungen und nur schlecht in Salpetersäure. In einer Salzschmelze von NaF/ZrF_4 kann bei 600 °C unter Einleiten von Fluorwasserstoffgas die Auflösung erreicht werden. Die anschließende Fluorierung verwandelt UF_4 in UF_6, das bei 600 °C und 1 atm aus der Schmelze verflüchtigt wird. Zur endgültigen Reinigung muß es noch fraktioniert destilliert werden, oder man adsorbiert das UF_6 bei niedrigen Temperaturen (100 °C) an festem Natriumfluorid, von dem es durch Temperaturerhöhung (400 °C) wieder desorbiert werden kann.

Etwas problematisch ist das Verhalten des Plutoniums im Fluorierungsprozeß. Das PuF_4 ist nicht flüchtig, während das leicht flüchtige PuF_6 sich schnell zersetzt.

Bei der Fluorierung des hochangereicherten Urans nach dem Hochtemperaturverfahren ist keine Abtrennung des Plutoniums erforderlich, da es sich nur in sehr geringem Maße im Kernbrennstoff bildet. Bei der Umwandlung des UF_4 in UF_6 verbleiben die geringen Mengen Plutonium unter den gegebenen Reaktionsbedingungen im Spaltproduktrückstand.

Bei dem natürlichen oder leicht angereicherten Uran, das in flüssiger Phase bei niedrigen Temperaturen mit Interhalogenverbindungen fluoriert wird, ist aber eine Abtrennung des Plutoniums nötig. Das PuF_4 befindet sich nach dem Abdestillieren des UF_6 im Rückstand und muß auf extraktivem Wege von den Spaltprodukten befreit werden. Neuere Untersuchungen ergaben, daß eine nachträgliche Fluorierung des PuF_4 im Rückstand zum PuF_6 möglich ist und PuF_6 unter bestimmten Bedingungen von den Spaltprodukten abdestilliert werden kann [24]. Damit rückt auch die fluorierende Aufarbeitung von Uran-Plutonium-Legierungen oder Mischoxyden in den Bereich des Möglichen.

Die hauptsächlichen Schwierigkeiten beim Übergang zum Dauerbetrieb entstehen durch die außerordentlich hohen Korrosionsraten. Von den Metallen haben sich als Konstruktionsmaterial bis jetzt Nickel-Molybdän-Legierungen am besten bewährt. Ebenso ist der Einsatz von Graphit erfolgversprechend.

4.422 Pyrometallurgische Aufarbeitungsverfahren

Pyrometallurgische oder Hochtemperatur-Prozesse sind Aufarbeitungsverfahren, bei denen metallische Kernbrennstoffe von Spaltprodukten gereinigt werden, ohne daß der metallische Zustand verlassen wird. Sie schließen auch solche Prozesse ein, bei denen der Kernbrennstoff vorübergehend als Salz erhalten, aber im folgenden wieder zum Metall reduziert wird.

Die folgende Aufstellung gibt einen Überblick von den bisher untersuchten Methoden [52].

1. Nichtchemische Trennungen
1.1 Fraktionierte Destillation oder Sublimation
1.11 Destillation des Plutoniums oder der Spaltprodukte vom Uran
1.12 Trennung des Urans oder der Spaltprodukte vom Thorium
1.2 Fraktionierte Kristallisation
1.21 Ohne Zugabe eines Solvens (Zonenschmelzen)
1.22 Unter Zugabe eines Solvens (fraktionierte Kristallisation von Uran und Spaltprodukten aus metallischer Lösung, z. B. aus Zink oder Quecksilber)

1.3 Flüssig-flüssig-Extraktion
Extraktion des Plutoniums aus einer geschmolzenen Uranphase mit geschmolzenem Magnesium oder Silber

1.4 Flüssig-fest-Extraktion
Extraktion des Plutoniums aus fein verteiltem Uran mit geschmolzenem Magnesium

2. Trennungen durch selektive Oxydation

2.1 Verschlackung der Spaltprodukte durch Bildung von Oxyden, Carbiden, Nitriden oder Sulfiden

2.2 Selektive Entfernung von Spaltprodukten und/oder Plutonium durch Ausschütteln des flüssigen Metalls mit geschmolzenen Halogensalzen

3. Trennung durch Oxydations-Reduktions-Zyklen

3.1 Chemische Methoden

3.11 Van-Arkel/De-Boer-Methode (thermische Zersetzung der Metalljodide

3.12 Umsetzung von Uran mit $PbCl_2$ zu UCl_3 und Pb und anschließende Reduktion des UCl_3 mit Magnesium zum metallischen Uran

3.2 Elektrochemische Methoden
Schaltung des Brennstabes als Anode bei einer Schmelzflußelektrolyse, wobei das Uran mit der Mangankathode eine flüssige Legierung bildet, die kontinuierlich abfließt.

Für pyrometallurgische Verfahren entfallen die Abkühlungszeiten der Brennstäbe. Sie bringen im allgemeinen eine Spaltproduktentfernung um den Faktor 10^2, der für den Betrieb von Leistungsreaktoren für Kernkraftwerke ausreicht. Beide Vorteile lassen sich allerdings nur ausnutzen, wenn die Fabrikation der Brennelemente unter Fernbedienung erfolgen kann (sehr hohe Spaltproduktrestaktivitäten sowie starke β-Aktivität des 6,7 d-^{237}U).

Der Wegfall chemischer Umsetzungen in wässeriger Lösung ergibt eine wesentliche Kosteneinsparung, besonders weil die Spaltprodukte in konzentrierter, fester Form anfallen und die Legierungsbestandteile im allgemeinen wieder zurückgewonnen werden. Auch entfällt eine Reihe von Problemen, die durch die Moderatorwirkung des Wassers auf Spaltstoffe entstehen (kritische Masse). Weiterhin verringern sich die Anlagekosten, da kleine, kompakte Apparaturen verwendet werden, für die der Aufwand an Schutzeinrichtungen entsprechend gering ist. Durch direkten Anschluß der pyrometallurgischen Aufarbeitungsanlage an die Reaktoranlage entfallen die Kosten für den Transport der Brennelemente. Dafür treten aber zum Teil große Schwierigkeiten bei der Wahl geeigneter Konstruktionsmaterialien auf, die gegen hohe Temperaturen und aggressive Substanzen resistent sein müssen. Auch ist die Refabrikation des aktiven Spaltmaterials zu neuen Brennstäben unter Fernbedienung bisher nur dann möglich, wenn es sich um einfachste Konstruktionen handelt.

Die erste pyrometallurgische Aufarbeitungsanlage, die in Betrieb genommen wurde, war eine für den Experimental Breeder Reaktor (EBR-II) in den USA gebaute Schmelzraffinationsanlage. In einem Tiegel aus oxydischem Material (ZrO_2, MgO) wird das Metall für einige Stunden auf 1300 °C gehalten. Dabei entweichen die flüchtigen Spaltprodukte, und Spaltprodukte mit einer großen Sauerstoffaffinität bilden eine Oxydschlacke an der Tiegelwand. Die edleren Metalle unter den Spaltprodukten verbleiben im Brennstoff. Nach dem sogenannten Injektionsgußverfahren erfolgt die Refabrikation der Brennelemente. In einer evakuierten Hülle wird das flüssige Metall unter Anwendung von Außendruck hochgezogen. Nach dem Erstarren hinterbleiben Brennstäbe mit einer Toleranz des Durchmessers von 0,0254 mm.

Die gesamte Anlage arbeitet unter einer Edelgasatmosphäre und wird fernbedient. Der durchschnittliche Entseuchungsfaktor beträgt 10^2.

4.5 Probleme des radioaktiven Abfalls

Um den menschlichen Organismus vor der Einwirkung schädlicher Mengen radioaktiver Strahlung zu schützen, ist eine besondere Sorgfalt bei der Beseitigung oder der sicheren Lagerung radioaktiver Abfälle erforderlich. Solche Abfallprodukte entstehen auf den verschiedensten Sektoren der Anwendung radioaktiver Isotope und der Kernenergie-Industrie.

4.51 Herkunft radioaktiver Abfälle

Die Herkunft radioaktiver Abfälle läßt sich nach steigender Menge und spezifischer Aktivität etwa folgendermaßen ordnen:

1. Aufbereitung von Uranerzen
2. Anwendung radioaktiver Isotope in Medizin, Industrie, Landwirtschaft und Forschung
3. Reaktorkreislaufwässer und demontierte Konstruktionsmaterialien von Reaktoren
4. Aufarbeitung bestrahlter Kernbrennstoffe

Beim Erzabbau kann vor allem das freigesetzte Radon, wenn es in genügenden Konzentrationen von der Lunge eingeatmet wird, ernste Schäden verursachen (Schneeberger Bergmannskrebs). Durch ausreichende Entlüftung läßt sich der Radonpegel auf ein gefahrloses Minimum reduzieren. Die chemische Erzaufbereitung liefert radioaktive Abfälle aus den natürlichen Zerfallsreihen, die von langlebigen α-Strahlern herrühren. Da ihre spezifische Aktivität in dem Abfallschlamm aber sehr gering ist, bilden sie keine ernste Gefahrenquelle. Bei der metallurgischen Weiterverarbeitung des Urans fallen Staub und Späne an, die gewöhnlich zurückgewonnen werden. Auch hier muß durch Entlüftungseinrichtungen dem Einatmen solcher Partikel vorgebeugt werden.

Die Radioisotopenanwendung hat eine breite Skala von aktiven Abfällen zur Folge. Sie reicht von den kurzlebigen Strahlern, die man in Abklingbehältern völlig unschädlich machen kann, über geringste Mengen von Strahlern, die sich durch Verdünnen mit Oberflächenwässern beseitigen lassen, bis zu den mittel- und hochaktiven Abfällen; letztere rühren vor allem von unbrauchbar gewordenen Strahlungsquellen her.

Beim Betrieb von Reaktoren werden die unmittelbar in der aktiven Zone eingesetzten Kühlmittel, z. B. Wasser, einer starken Neutronenbestrahlung ausgesetzt, wodurch die im Kühlwasser vorhandenen Verunreinigungen (Korrosionsprodukte) stark aktiviert werden. Das macht eine kontinuierliche oder diskontinuierliche Reinigung der Wässer im ersten Kühlkreislauf erforderlich. Luftgekühlte Reaktoren liefern radioaktive Abgase (Argon, Krypton, Xenon), die in hohen Schornsteinen in die Atmosphäre abgelassen werden müssen. Hochaktive Abfälle (Bauteile) sind zu beseitigen, wenn ein stillgelegter Reaktor auseinandergenommen wird.

Während alle bisher genannten radioaktiven Abfälle sich noch mit einem ökonomisch vertretbaren Aufwand sicher beseitigen lassen, beginnt die eigentliche Problematik der Abfallbearbeitung erst mit dem Betrieb von Aufarbeitungsanlagen für bestrahlte Kernbrennstoffe.

Eine Vorstellung von der Menge des zu bearbeitenden Abfalls und seiner Aktivität erhält man, wenn man sich vergegenwärtigt, daß eine Installation von 1000 MW Kernenergie (elektrische Leistung) jährlich etwa 1,45 Tonnen Spaltprodukte mit einer Gesamtaktivität von rund 725000000 Curie erzeugt, die in einem Abfallvolumen von 2880000 bis 28800 Litern enthalten sind. Demgegenüber werden [53] folgende Toleranzkonzentrationen für Spaltprodukte in Wasser und Luft angegeben (Tab. 14).

Bei der Bearbeitung und Lagerung riesiger Mengen von Spaltproduktaktivitäten muß dafür gesorgt werden, daß auch über längere Zeiträume hinweg keine Aktivitätsspuren in Oberflächengewässer gelangen, die die Toleranzkonzentration überschreiten.

Die in den Aufarbeitungsanlagen entstehenden Prozeßabfälle werden in Tabelle 15 nach ihrem Aktivitätsniveau und den Bestandteilen eingeordnet.

Tab. 14 Maximal zulässige Konzentrationen verschiedener Radioisotope in Wasser und Luft

Isotop	Toleranzkonzentration	
	Wasser (μC/ml)	Luft (μC/m^3)
^{144}Ce	$4 \cdot 10^{-2}$	$7 \cdot 10^{-9}$
^{106}Ru	0,1	$3 \cdot 10^{-8}$
^{147}Pm	7	$2 \cdot 10^{-7}$
^{90}Sr	$8 \cdot 10^{-7}$	$2 \cdot 10^{-10}$
^{137}Cs	$1{,}5 \cdot 10^{-3}$	$2 \cdot 10^{-7}$
^{99}Tc	$3 \cdot 10^{-2}$	$3 \cdot 10^{-6}$
^{239}Pu	$1{,}5 \cdot 10^{-6}$	$2 \cdot 10^{-12}$
^{95}Zr	$4 \cdot 10^{-3}$	$4 \cdot 10^{-7}$

Tab. 15 Prozeßabfälle

Quellen	Aktivitätsniveau	wichtige Bestandteile
A Gase.		
Auflösung	mittel	Kr, (J_2), Partikel, (H_2), NO
aus Prozeßbehältern	niedrig	Partikel, Luft, Säuren
Ventilation	sehr niedrig	Partikel, Luft
B Flüssigkeiten.		
aus 1. Extraktionsstufe	hoch	Säuren, Salze, Spaltprodukte
aus folgenden Stufen	mittel	Säuren, Salze, Spaltprodukte
gebrauchte Lösungsmittel	niedrig	Kohlenwasserstoffe, TBP, J_2, Ru
Lösungsmittelwaschwässer	niedrig	NaOH, Na_2CO_3
Kondensate	sehr niedrig	Wasser
C Feststoffe		
Filterkuchen	mittel bis hoch	MnO_2, Cyanide, SiO_2
Gasfiltermaterial	niedrig	Glas, Metall, Asbest, Papier
verseuchtes Papier u. ä.	niedrig	Cellulose
verseuchte Ausrüstung	niedrig	Metalle

Die Einteilung der Aktivitätsniveaus entspricht natürlich einer für Prozeßabfälle nützlichen Mengenabschätzung, wobei die als „niedrig" bezeichneten Niveaus immerhin noch Millicuriebeträge pro Liter enthalten können.

Von den gasförmigen Abfällen sind besonders die plutoniumhaltigen Aerosole gefürchtet (siehe Toleranzkonzentration für Plutonium in Luft).

4.52 Methoden der Abfallbehandlung

Obwohl die im folgenden beschriebenen Methoden speziell für die Behandlung von Prozeßabfällen eingesetzt werden, lassen sie sich auch für radioaktive Abfälle anderer Herkunft anwenden, falls deren Menge und Aktivität ihre Anwendung nützlich erscheinen läßt.

4.521 Gase

Radioaktiv verseuchte Abgase werden chemisch und/oder physikalisch gereinigt. Die chemischen Methoden gelten vor allem der Entfernung des Spaltprodukt-Jods. Man leitet z. B. die vorgeheizten Abgase über einen sogenannten Silberturm, um das Jod herauszuholen. Er besteht aus einer Säule, in der poröse Füllkörper aufgeschüttet sind, die mit Silbernitrat getränkt und dann getrocknet wurden. Wenn die Kapazität der Säule durch AgJ-Bildung erschöpft ist, läßt sie sich durch erneutes Aufsprühen von $AgNO_3$ regenerieren. Ein anderes Verfahren entfernt das Jod durch alkalische Wäsche. Die physikalischen Abscheidungsmethoden sind besonders für die Entfernung von α-Strahlern geeignet, die als Aerosole (Plutonium) in die Abgase gelangen. Am einfachsten, jedoch nicht besonders wirksam, ist eine Naßwäsche. Wie für ähnliche industrielle Abgasprobleme, wird auch für die Entfernung radioaktiver Stäube die elektrostatische Abscheidung mit Erfolg eingesetzt. Die geeigneten mechanischen Abscheidungsmaterialien sind für große Abgasmengen Sand und Kiesfilter bestimmter Korngröße und für geringe Volumina Filter aus Papier, Glaswolle oder Asbest. Die radioaktiven Edelgase werden in der Atmosphäre verdünnt.

4.522 *Flüssigkeiten*

Die wässerigen Abfälle behandelt man so, daß entweder das Volumen bei gleichbleibender Aktivität oder die Aktivität bei gleichbleibendem Volumen herabgesetzt wird.

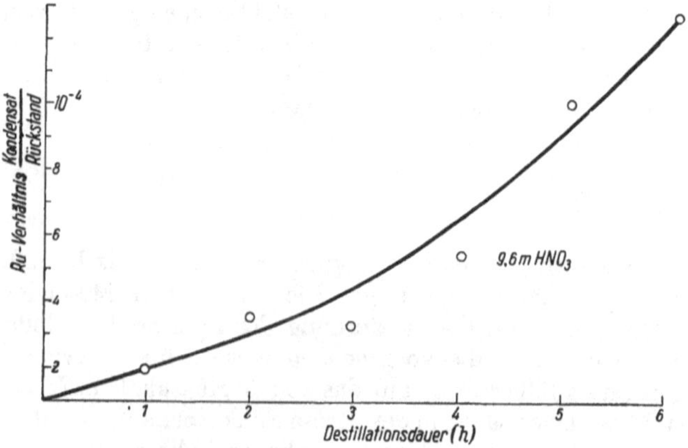

Abb. 44 Einfluß der Destillationsdauer auf die Flüchtigkeit des Rutheniums [54]

Volumenreduktion erreicht man durch Eindampfen oder Versprühen und Trocknen. Die aktiven Bestandteile lassen sich ausfällen, mitfällen, mitkristallisieren sowie durch Adsorption und Ionenaustausch entfernen.

Die Destillation als wirksame Konzentrierungsmethode empfiehlt sich für hochaktive Abfälle, ist zugleich aber auch die Methode des größten Energieverbrauchs. Man erreicht in einer einfachen einstufigen Destillationsanlage einen Entseuchungsfaktor von 10^3 bis 10^4. Im Destillat befinden sich noch flüchtige Spaltprodukte wie Jod und Ruthenium. Das Auftreten anderer Spaltprodukte im Destillat hängt davon ab, in welchem Maße man feinste Sprühnebel im Destillationsteil unterdrücken oder zurückhalten kann, in denen sonst Aktivität mitgerissen wird. Den Einfluß von Destil-

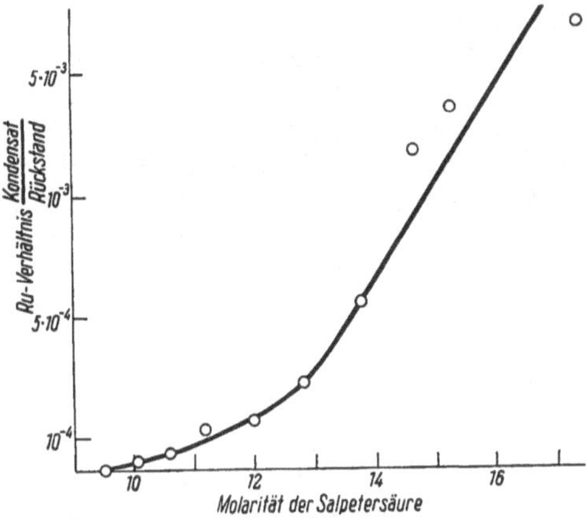

Abb. 45 Einfluß der Säurekonzentration auf die Flüchtigkeit des Rutheniums [54]

lationszeit und steigender Salpetersäurekonzentration auf die Flüchtigkeit von Ruthenium zeigen die Abbildungen 44 und 45.

Demnach nimmt mit steigender Volumenabnahme im Destilliergefäß die Rutheniumflüchtigkeit zu, und es ist unzweckmäßig, bis zur Trockne einzudampfen. Ein trokkener Rückstand ist auch schlecht zu handhaben, so daß man immer nur bis zur Erreichung einer gewissen Salzkonzentration eindampft.

Die Fällprozesse sind verhältnismäßig billig, gestatten aber höchstens eine Entseuchung um den Faktor 10^2. Außerdem ist die Behandlung der großen Mengen von Fällschlamm oft problematisch. Man wendet Fällungen nur bei mittel- oder niedrigaktiven Abwässern an.

Ionenaustauschverfahren sind nur dann vorteilhaft, wenn keine großen Salzkonzentrationen vorliegen. Beispielsweise kann man aus dem Destillat die Restaktivitäten sehr gut mit Ionenaustauschern entfernen. Das Austauschmaterial soll relativ billig sein, damit man auf eine Regenerierung verzichten kann, die eine erneute Volumenvergrößerung mit sich bringt. Für diesen Zweck haben sich austauschfähige Tone vom Montmorillonit- und Betonit-Typ (für hochaktive Abfälle) sowie austauschfähige Torf- und Braunkohlenpräparate (für mittel- und niedrigaktive Abfälle) bewährt. Die Tone haben den Vorteil, daß auf ihnen die Aktivität nach dem Austausch durch Glühen irreversibel fixiert werden kann. Natürliche organische Austauscher lassen sich verbrennen.

4.523 Feststoffe

Gewöhnlich werden die festen aktiven Abfälle nach brennbaren und nichtbrennbaren Bestandteilen unterschieden und getrennt gesammelt. Das brennbare Material wird in speziellen Öfen vernichtet, u. a. auch die organischen Lösungsmittel und das TBP. Allerdings muß eine Abgasbehandlung folgen (Waschen, Filtern), die recht aufwendig ist und den Vorteil der Volumenreduktion beim Verbrennen teilweise wieder rückgängig macht. Die Asche wird naß in Trommeln gelagert. Die starke Korrosion im Verbrennungsraum hat zur Folge, daß die gefährdeten Teile der Anlage nur eine geringe Lebensdauer haben und recht hohe Kosten entstehen. Man geht deshalb mehr und mehr dazu über, keine Unterscheidung nach brennbaren und nichtbrennbaren Abfällen zu treffen und alle Feststoffe gemeinsam zu verpressen und in Behältern zu vergraben. Verseuchte Ausrüstungsgegenstände aus Metall werden in geeigneten Stollen gelagert oder eingeschalt und vergraben bzw. im Meer versenkt.

Die Methode der kontrollierbaren oder partiell kontrollierbaren Lagerung strebt man für die hochaktiven Rückstände an, die nach der konzentrierenden Abfallbearbeitung anfallen. Dagegen stößt die Beseitigung durch Verdünnen im Meer auf stärkste Bedenken wegen der zu erwartenden Abfallmengen und ihrer Auswirkung auf die Fischwirtschaft (Wiederanreicherung im Plankton und in Fischen).

Will man durch Lagern die Aktivität der Spaltprodukte abklingen lassen, so sind nach etwa acht Jahren die langlebigen Isotope ^{90}Sr und ^{137}Cs als hauptsächlichste aktive Bestandteile vorhanden. Doch selbst wenn man 99,9% des ^{90}Sr entfernen würde, so kann der Rest im Hinblick auf eine Wasserverseuchung genauso gefährlich bleiben, da die Toleranzkonzentration für das in den Abfällen eventuell noch vorhandene Plutonium etwa in der gleichen Größenordnung wie beim ^{90}Sr liegt.

Zur Zeit werden in vielen Aufarbeitungsanlagen große Abfallvolumina in unterirdischen Tankanlagen gelagert, wenn diese Methode auch keine Endlösung darstellen kann und mit erheblichen Kosten belastet ist. Die hochaktiven Lösungen sieden unter ihrer eigenen Wärmeentwicklung und müssen mit Kondensoraufsätzen und Entlüftungsanlagen versehen werden. Um ein Stoßen der siedenden Lösung durch Dampfblasen im Schlamm zu vermeiden, muß durch Gaseinleiten gerührt werden. Auch ist über sehr lange Zeiträume hinweg die Korrosionsfrage kaum zu beherrschen.

Für mittel- und niedrigaktive Abfälle (1 bis 50 mC γ-Strahler pro Liter, davon $\sim$ 0,02 mC ^{90}Sr und ^{137}Cs) legt man in der Nähe von Aufarbeitungsanlagen Sickergruben an, nachdem man die Adsorptionsfähigkeit des Bodens untersucht hat. Die auftretende Verteilung der aktiven Substanzen im Boden zeigt Abbildung 46.

Am weitesten wandert das Ruthenium, während das Plutonium zuerst festgehalten wird. Für besiedelte Gebiete ist diese Methode allerdings sehr bedenklich.

Außer den jetzt angewendeten drei wichtigsten Beseitigungsmethoden (1. Vergraben fester Abfälle, eventuell nach Einzementieren, Einschmelzen in Glas oder Salz, Kalzinieren usw.; 2. Lagerung in unterirdischen Tanks;

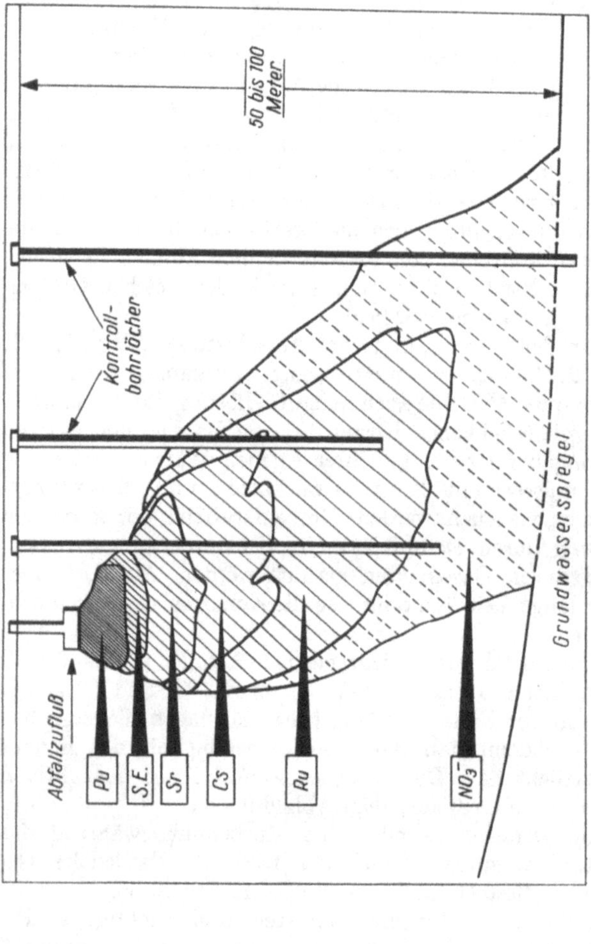

Abb. 46 Verteilung der wichtigen Bestandteile von Abfallösungen im Boden [54]

3. Einleiten in Sickergruben) sind für die Zukunft noch zwei andere endgültige Beseitigungsarten aussichtsreich.

1. Lagerung flüssiger oder fester Abfälle in alten Salzbergwerken. Die gute Wärmeleitfähigkeit des Salzes, seine Undurchlässigkeit für Wasser und die geringe Bodenbewegung in Salzformationen begünstigen diese Methode.
2. Einlagerung von Abfällen in tiefgelegenen Sandsteinformationen. Diese Methode erscheint vorteilhaft durch die Tatsache, daß sich Meerwassereinschlüsse in diesen Formationen über mehrere hundert Millionen Jahre gehalten haben und daß auch die Erdölindustrie jährlich Millionen Kubikmeter Abfallsalzwasser durch tiefe Schächte in Sandsteinschichten ohne Schwierigkeiten billig beseitigt.

4.53 Nutzung von Spaltproduktabfällen

Die ungetrennten Spaltprodukte in Form der eingedampften Abfallrückstände oder in Form der noch nicht bearbeiteten ausgebrannten Kernbrennstäbe könnten als Strahlenquellen z. B. für die Strahlungspolymerisation oder die Sterilisation von Nahrungsmitteln und Pharmazeutika dienen. Allerdings ist es zu einem großtechnischen Einsatz noch nicht gekommen, da andere chemische Verfahren noch billiger arbeiten oder Nachteile wie z. B. der Schutzaufwand oder die Geschmacksverschlechterung bei bestimmten Nahrungsmitteln überwiegen. Dagegen wird die Isolierung bestimmter Spaltprodukte für die Herstellung von Kilocuriequellen gegenwärtig zur technischen Reife entwickelt. Solche Quellen könnten z. B. in der Strahlentherapie (^{137}Cs) oder für die zerstörungsfreie Werkstoffprüfung (^{144}Ce oder ^{155}Eu als Ersatz für ^{170}Tm-Quellen) eingesetzt werden. Es existieren bereits Versuchsanlagen für die Großproduktion von ^{137}Cs in Mengen von Megacuries pro Jahr [55, 56, 57].

Aus den Abfallösungen des Redoxprozesses (siehe Tab. 13) kann das ^{137}Cs an Ionenaustauschharzen vom Phenolsulfonsäuretyp bei p_H 12 gebunden werden. Andere Verfahren benutzen die Mitfällung des Cäsiums an Nickel- oder Zinkferrocyanid. Auch die Phosphorwolframsäure wurde zur selektiven Cs-Fällung eingesetzt. Die Seltenen Erden sowie Zr, Nb und Ru können durch Extraktion mit verdünntem TBP abgetrennt werden.

Wenn die Spaltproduktabfälle als feste Rückstände in Form ihrer kalzinierten Oxyde vorliegen, lassen sich ^{137}Cs und ^{90}Sr durch Auslaugen der Oxyde mit verdünnter Salpetersäure vom p_H 1 bis 3 gewinnen (ca. 80 bis 90%). Es ist möglich, aus den Lösungen das ^{137}Cs zu verwerten.

Zusammenfassend kann gesagt werden, daß die Spaltproduktnutzung noch unbefriedigend ist. Die Menge an Spaltprodukten, die für Forschung und Industrie in offener Form eingesetzt wird, fällt überhaupt nicht ins Gewicht, während die Herstellung und der Einsatz isolierter Spaltprodukte als Kilocuriequellen bisher noch nicht rentabel genug ist. Man kann aber erwarten, daß auf diesem Gebiete in naher Zukunft ökonomisch tragbare Großanlagen mit rationellen Verfahren in Betrieb genommen werden, die solche für viele Zwecke außerordentlich nützlichen Quellen liefern können.

5. Anhang

5.1 Tabelle der wichtigsten Radioisotope

In der Tabelle 16 sind die wichtigsten Radioisotope aufgeführt, mit denen der Chemiker arbeitet. Spalte 1 enthält die Elementsymbole mit Massenzahl (oben links) und Ordnungszahl (unten links), Spalte 2 gibt die Halbwertszeiten (τ) in Jahren (a), Tagen (d), Stunden (h), Minuten (m) oder Sekunden (s) wieder. In den Spalten 3, 4 und 5 sind die Strahlenart und die Energie der Teilchen oder der Quanten in MeV angegeben, aber jeweils nur für die wichtigsten und charakteristischen Strahlungen. In Spalte 6 werden die wichtigsten Bildungsreaktionen angeführt. Für (n, γ)-Reaktionen mit thermischen Neutronen und in wenigen Ausnahmefällen auch für (n, p)-Reaktionen findet man in Spalte 8 den Aktivierungsquerschnitt (σ_{act}) des in Spalte 6 benutzten Ausgangsisotops der Kernreaktion und in Spalte 9 den absoluten Wirkungsquerschnitt (σ_{abs}) für das entsprechende Element. Während der Aktivierungsquerschnitt nur den Neutronenverbrauch für die betreffende Kernreaktion angibt, kommt im absoluten Wirkungsquerschnitt die Schwächung eines Neutronenstromes durch das eingebrachte Element zum Ausdruck, also einschließlich der durch Streuvorgänge verlorengehenden Neutronen. Die Werte wurden unter Verwendung der Tabellen von HOLLANDER, PERLMAN und SEABORG [58] (1953), sowie von HUGHES und SCHWARTZ [59] (1958) zusammengestellt. Die Wirkungsquerschnitte in Spalte 8 und 9 sind in Barn angegeben, wenn nicht ausdrücklich eine andere Bezeichnung (Millibarn, mb) verwendet wurde. Aus Spalte 7 kann man die Häufigkeit des Ausgangsisotops der Kernreaktion (Spalte 6) im Element entnehmen.

Tab. 16 Eigenschaften der wichtigsten Radioisotope

Isotop	Halbwertszeit	Strahlungsart	Energie (MeV)		wichtigste Bildungsreaktion	Ausgangs- isotop		Ausgangs- element
			Teilchen	Quanten		Häufigkeit (%)	σ_{act}	σ_{abs}
$^{3}_{1}H$	12,5 a	β^-	0,018		$^{6}_{3}Li(n, \alpha)\ ^{3}_{1}H$			
$^{7}_{4}Be$	53 d	K, γ		0,48	$^{7}_{3}Li(d, n)\ ^{7}_{4}Be$			
$^{14}_{6}C$	5570 a	β^-	0,155		$^{14}_{5}N(n, p)\ ^{14}_{6}C$	99,63	1,75 ± 0,05	
$^{19}_{8}O$	29 s	β^-, γ	4,5 (30%)	1,6	$^{18}_{8}O(n, \gamma)\ ^{19}_{8}O$	0,204	0,21 ± 0,04 mb	0,2 mb
			2,9 (70%)					
$^{18}_{9}F$	112 m	β^+	0,65		$^{16}_{8}O(t, n)\ ^{18}_{9}F$	99,76		
$^{22}_{11}Na$	2,6 a	β^+, γ	0,58	1,3	$^{25}_{12}Mg(d, \alpha)\ ^{22}_{11}Na$	10,11		
$^{24}_{11}Na$	15 h	β^-, γ	1,39	2,76	$^{23}_{11}Na(n, \gamma)\ ^{24}_{11}Na$	100	536 ± 10 mb	505 ± 10 mb
$^{27}_{12}Mg$	9,5 m	β^-, γ	1,8	1,01	$^{26}_{12}Mg(n,\gamma)\ ^{27}_{12}Mg$	11,29	27 ± 5 mb	63 ± 3 mb
$^{28}_{13}Al$	2,3 m	β^-, γ	3,01	1,8	$^{27}_{13}Al(n, \gamma)\ ^{28}_{13}Al$	100	0,21 ± 0,02	0,23 ± 0,005
$^{31}_{14}Si$	2,62 h	β^+	3,85		$^{30}_{14}Si(n, \gamma)\ ^{31}_{14}Si$	3 05	110 ± 10 mb	160 ± 20 mb
$^{32}_{15}P$	14,3 d	β^-	1,69		$^{31}_{15}P(n, \gamma)\ ^{32}_{15}P$	100	0,19 ± 0,01	0,20 ± 0,02
					$^{32}_{16}S(n, p)\ ^{32}_{15}P$	95,018		
$^{35}_{16}S$	87,1 d	β^-	0,168		$^{34}_{16}S(n, \gamma)\ ^{35}_{16}S$	4,215	0,26 ± 0,05	0,52 ± 0,02
$^{35}_{16}S$					$^{35}_{17}Cl(n, p)\ ^{35}_{16}S$	75,4	0,19 ± 0,05	33,6 ± 1,1
$^{36}_{17}Cl$	3,08 10^5 a	β^-	0,71		$^{35}_{17}Cl(n, \gamma)\ ^{36}_{17}Cl$	75,4	30 ± 20	33,6 ± 1,1
$^{42}_{19}K$	12,4 h	β^-, γ	3,6	1,5	$^{41}_{19}K(n, \gamma)\ ^{42}_{19}K$	6,91	1,1 ± 0,1	2,07 ± 0,07
$^{45}_{20}Ca$	152 d	β^-	0,25		$^{44}_{20}Ca(n, \gamma)\ ^{45}_{20}Ca$	2,06	0,67 ± 0,07	0,44 ± 0,02
$^{45}_{20}Ca$	152 d	β^-	0,25		$^{45}_{21}Sc(n, p)\ ^{45}_{20}Ca$	100		
$^{46}_{21}Sc$	85 d	β^-, γ	0,36	0,89	$^{45}_{21}Sc(n, \gamma)\ ^{46}_{21}Sc$	100	12 ± 6	24 ± 1
				1,12				

Isotop	Halbwerts-zeit	Strah-lungsart	Energie (MeV)		wichtigste Bildungs-reaktion	Ausgangs- isotop		Ausgangs- element
			Teilchen	Quanten		Häufig-keit (%)	σ_{act}	σ_{abs}
$^{51}_{22}$Ti	5,8 m	β^-	2,2 (30%)	0,32	$^{50}_{22}$Ti(n, γ) $^{51}_{22}$Ti	5,34	0,14 ± 0,03	5,8 ± 0,04
			1,9 (70%)	0,91				
$^{48}_{23}$V	16 d	K, β^+, γ	0,7	1,32	$^{48}_{22}$Ti(p, n) $^{48}_{23}$V	73,45		
$^{51}_{24}$Cr	27,8 d	K, γ		0,32	$^{50}_{24}$Cr(n, γ) $^{51}_{24}$Cr	4,31	13,5 ± 1,4	3,1 ± 0,2
$^{54}_{25}$Mn	310 d	K, γ		0,85	$^{53}_{24}$Cr(d, n) $^{54}_{25}$Mn	9 55		
$^{56}_{25}$Mn	2 58 h	β^-, γ	2,8	2,1	$^{55}_{25}$Mn(n, γ) $^{56}_{25}$Mn	100	13,3 ± 0,2	13,2 ± 0,2
$^{55}_{26}$Fe	2,96 a	K		0,006	$^{54}_{26}$Fe(n, γ) $^{55}_{26}$Fe	5,84	2,5 ± 0,4	2,53 ± 0,06
$^{59}_{26}$Fe	46 d	β^-, γ	0,46	1,3	$^{58}_{26}$Fe(n, γ) $^{59}_{26}$Fe	0,31	0,98 ± 0,10	2,53 ± 0,06
$^{60}_{27}$Co	10.4 m 5,28 a	} β^-, γ	0,31	1,3	$^{59}_{27}$Co(n, γ) $^{60}_{27}$Co	100	36,3 ± 1,5	37,0 ± 1,5
$^{63}_{28}$Ni	85 a	β^-	0,067		$^{62}_{28}$Ni(n, γ) $^{63}_{28}$Ni	3,66		4,8 ± 0,2
$^{64}_{29}$Cu	12,8 h	β^-, β^+	0,57		$^{63}_{29}$Cu(n, γ) $^{64}_{29}$Cu	69,1	4,3 ± 0,2	3,77 ± 0,03
			0,66					
$^{65}_{30}$Zn	250 d	β^+, K, γ	0,32	1.1	$^{64}_{30}$Zn(n, γ) $^{65}_{30}$Zn	48,89	0,44 ± 0,05	1,10 ± 0,05
$^{69}_{30}$Zn	13,8 h	γ		0,4	$^{68}_{30}$Zn(n, γ) $^{69}_{30}$Zn	18,56	97 ± 10 mb	1,10 ± 0,05
$^{72}_{31}$Ga	14,2 h	β^-, γ	3,1	2,5	$^{71}_{31}$Ga(n, γ) $^{72}_{31}$Ga	39,8	4,0 ± 0,7	2,80 ± 0,13
$^{71}_{32}$Ge	12 d	K			$^{70}_{32}$Ge(n, γ) $^{71}_{32}$Ge	20,55	3,9 ± 1,2	2,45 ± 0,20
$^{74}_{33}$As	16 d	β^-, β^+, γ	1,4	0,6	$^{74}_{32}$Ge(p, n) $^{74}_{33}$As	36,74		
			0,9					
$^{76}_{33}$As	27 h	β^-, γ	3,0	1,75	$^{75}_{33}$As(n, γ) $^{76}_{33}$As	100	5,4 ± 1,0	4,3 ± 0,2
$^{77}_{33}$As	38 h	β^-	0,7		$^{76}_{32}$Ge(n, γ) $^{77}_{32}$Ge $\xrightarrow{\beta^-}$ $^{77}_{33}$As	7,67	80 ± 20 mb	2,45 ± 0,20

Isotop	Halbwerts-zeit	Strah-lungsart	Energie (MeV)		wichtigste Bildungs-reaktion	Ausgangs-isotop		Ausgangs-element
			Teilchen	Quanten		Häufig-keit (%)	σ_{act}	σ_{abs}
$^{75}_{34}Se$	123 d	K, γ		0,4	$^{74}_{34}Se(n, \gamma)\,^{75}_{34}Se$	0,87	26 ± 6	12,3 ± 0,4
$^{82}_{35}Br$	35,9 h	β^-, γ	0,46	1,32	$^{81}_{35}Br(n, \gamma)\,^{82}_{35}Br$	49,48	3,1 ± 0,5	6,7 ± 0,3
$^{86}_{37}Rb$	19,5 d	β^-, γ	1,82	1,08	$^{85}_{37}Rb(n, \gamma)\,^{86}_{37}Rb$	72,15	0,80 ± 0,08	0,73 ± 0,07
$^{89}_{38}Sr$	53 d	β^-	1,46		$^{88}_{38}Sr(n, \gamma)\,^{89}_{38}Sr$	82,56	5 ± 1 mb	1,21 ± 0,06
					$U(n, f)\,^{89}_{38}Sr$			
$^{90}_{38}Sr$	19,9 a	β^-	0,61		$U(n, f)\,^{90}_{38}Sr$			
$^{90}_{39}Y$	64,8 h	β^-	2,2		$^{89}_{39}Y(n, \gamma)\,^{90}_{39}Y$	100	1,26 ± 0,08	1,31 ± 0,08
					$U(n, f)\,^{90}_{39}Y$			
$^{91}_{39}Y$	61 d	β^-	1,56		$U(n, f)\,^{91}_{39}Y$			
$^{95}_{40}Zr$	65 d	β^-, γ	0,4	0,72	$^{94}_{40}Zr(n, \gamma)\,^{95}_{40}Zr$	17,4	0,09 ± 0,03	0,18 ± 0,004
					$U(n, f)\,^{95}_{40}Zr$			
$^{95}_{41}Nb$	36 d	β^-, γ	0,15	0,76	$U(n, f)\,^{95}_{41}Nb$			
$^{99}_{42}Mo$	67 h	β^-, γ	1,23	0,75	$^{98}_{42}Mo(n, \gamma)\,^{99}_{42}Mo$	23,75	0,45 ± 0,10	2,7 ± 0,1
$^{97}_{43}Tc$	90 d	γ		0,1	$^{96}_{44}Ru(n, \gamma)\,^{97}_{44}Ru \xrightarrow{K} {}^{97}_{43}Tc$	5,7	0,21 ± 0,02	2,56 ± 0,12
$^{103}_{44}Ru$	41 d	β^-, γ	0,68	0,50	$^{102}_{44}Ru(n, \gamma)\,^{103}_{44}Ru$	31,3	1,44 ± 0,16	2,56 ± 0,12
					$U(n, f)\,^{103}_{44}Ru$			
$^{106}_{44}Ru$	1 a	β^-	0,04		$U(n, f)\,^{106}_{44}Ru$			
$^{105}_{45}Rh$	36 h	β^-, γ	0.57	0,33	$^{104}_{44}Ru(n, \gamma)\,^{105}_{44}Ru \xrightarrow{\beta^-} {}^{105}_{45}Rh$	18,3	0,7 ± 0,2	2,56 ± 0,12
$^{106}_{45}Rh$	4,4 m	β^-, γ	3,53	0,51	$^{105}_{45}Rh(n, \gamma)\,^{106}_{45}Rh$	100	12 ± 2	156 ± 7
$^{109}_{46}Pd$	13,6 h	β^-	0,96		$^{108}_{46}Pd(n, \gamma)\,^{109}_{46}Pd$	26,7	10 ± 2	8,0 ± 1,5
$^{110}_{47}Ag$	270 d	β^-, γ	0,5	1,5	$^{109}_{47}Ag(n, \gamma)\,^{110}_{47}Ag$	48,65	3,2 ± 0,4	63 ± 1

Isotop	Halbwerts-zeit	Strah-lungsart	Energie (MeV)		wichtigste Bildungs-reaktion	Ausgangs-isotop		Ausgangs-element
			Teilchen	Quanten		Häufig-keit (%)	σ_{act}	σ_{abs}
${}^{111}_{47}Ag$	7,6 d	β^-, γ	1,0	0,34	${}^{110}_{46}Pd(n, \gamma)\ {}^{111}_{46}Pd \xrightarrow{\beta^-} {}^{111}_{47}Ag$	13,5	0,3 ± 0,1	8,0 ± 1,5
${}^{115}_{48}Cd$	53 h	β^-, γ	1,1	0,54	${}^{114}_{48}Cd(n, \gamma)\ {}^{115}_{48}Cd$	28,86	1,1 ± 0,3	2450 ± 50
${}^{115}_{48}Cd^m$	43 d	β^-, γ	1,6	1,30	${}^{114}_{48}Cd(n, \gamma)\ {}^{115}_{48}Cd$	28,86	0,14 ± 0,03	250 ± 50
${}^{114}_{49}In$	49 d	γ		0,19	${}^{113}_{49}In(n, \gamma)\ {}^{114}_{49}In$	4,23	56 ± 12	196 ± 5
${}^{113}_{50}Sn$	112 d	K, γ		0,08	${}^{112}_{50}Sn(n, \gamma)\ {}^{113}_{50}Sn$	0,95	1,3 ±0,3	0,625 ± 0,015
${}^{122}_{51}Sb$	2,8 d	β^-, γ	1,9	0,57	${}^{121}_{51}Sb(n, \gamma)\ {}^{122}_{51}Sb$	57,25	6,8 ± 1,5	5,7 ± 1,0
${}^{124}_{51}Sb$	60 d	β^-, γ	2,4	1,7	${}^{123}_{51}Sb(n, \gamma)\ {}^{124}_{51}Sb$	42,75	2,5 ±0,5	5,7 ± 1,0
${}^{125}_{51}Sb$	2,7 a	β^-, γ	0,62	0,65	${}^{124}_{50}Sn((n, \gamma)\ {}^{125}_{50}Sn \xrightarrow{\beta^-} {}^{125}_{51}Sb$	5,98	0,2 ± 0,1	0,625 ± 0,015
${}^{127}_{52}Te$	110 d	γ		0,09	${}^{126}_{52}Te(n, \gamma)\ {}^{127}_{52}Te$	18,71	90 ± 20 mb	4,7 ± 0,1
${}^{131}_{53}J$	8 d	β^-, γ	0,60	0,64	${}^{130}_{52}Te(n. \gamma)\ {}^{131}_{52}Te \xrightarrow{\beta^-} {}^{131}_{53}J$	34.49	0,22 ± 0,05	4,7 ± 0,1
${}^{132}_{53}J$	2,4 h	β^-, γ	2,2	0,69	$U(n, f)\ {}^{132}_{52}Te \xrightarrow{\beta^-} {}^{132}_{53}J$			
${}^{134}_{55}Cs$	2,3 a	β^-, γ	0,66	1,3	${}^{133}_{55}Cs(n, \gamma)\ {}^{134}_{55}Cs$	100	30 ± 1	29,0 ± 1
${}^{137}_{55}Cs$	33 a	β^-	1,2		$U(n, f)\ {}^{137}_{55}Cs$			
${}^{131}_{56}Ba$	12 d	K, γ		0,5	${}^{130}_{56}Ba(n, \gamma)\ {}^{131}_{56}Ba$	0,101	10 ± 1	1,2 ± 0,1
${}^{140}_{56}Ba$	12,8 d	β^-, γ	1,02	0,5	$U(n\ f)\ {}^{140}_{56}Ba$			
${}^{140}_{57}La$	40 h	β^-, γ	2,26	1,6	${}^{139}_{57}La(n, \gamma)\ {}^{140}_{57}La$	99,911	8,2 ± 0,8	9,3 ± 0,3
					$U(n, f)\ {}^{140}_{57}La$			
${}^{141}_{58}Ce$	32 d	β^-, γ	0,58	0,14	${}^{140}_{58}Ce(n, \gamma)\ {}^{141}_{58}Ce$	88,48	0,31 ± 0,10	0,73 ± 0,08
${}^{144}_{58}Ce$	275 d	β^-, γ	0,30	0,13	$U(n, f)\ {}^{144}_{58}Ce$			
${}^{142}_{59}Pr$	19,2 h	β^-, γ	2,2	1,5	${}^{141}_{59}Pr(n, \gamma)\ {}^{142}_{59}Pr$	100	10 ± 3	11,6 ± 0,6

Isotop	Halbwertszeit	Strahlungsart	Energie (MeV)		wichtigste Bildungsreaktion	Ausgangs- isotop		Ausgangs- element
			Teilchen	Quanten		Häufigkeit (%)	σ_{act}	σ_{abs}
${}^{143}_{59}Pr$	13,8 d	β^-	0,93		${}^{142}_{58}Ce(n,\gamma)\,{}^{143}_{58}Ce \xrightarrow{\beta^-} {}^{143}_{59}Pr$	11,07	0,95 ± 0,05	0,73 ± 0,08
${}^{147}_{60}Nd$	11 d	β^-, γ	0,8	0,5	$U(n,f)\,{}^{147}_{60}Nd$			
${}^{147}_{61}Pm$	2,6 a	β^-	0,22		$U(n,f)\,{}^{147}_{61}Pm$			
${}^{153}_{62}Sm$	47 h	β^-, γ	0,8	0,1	${}^{152}_{62}Sm(n,\gamma)\,{}^{153}_{62}Sm$	26,63	140 ± 40	5600 ± 200
${}^{152}_{63}Eu$	13 a	K, β^-	0,34	1,58	${}^{151}_{63}Eu(n,\gamma)\,{}^{152}_{63}Eu$	47,77	1400 ± 300	4300 ± 100
${}^{154}_{63}Eu$	16 a	β^-, γ	1,9	1,1	${}^{153}_{63}Eu(n,\gamma)\,{}^{154}_{63}Eu$	52,23	420 ± 100	4300 ± 100
${}^{181}_{72}Hf$	46 d	β^-, γ	0,4	0,47	${}^{180}_{72}Hf(n,\gamma)\,{}^{181}_{72}Hf$	35,44	10 ± 3	105 ± 5
${}^{182}_{73}Ta$	111 d	β^-, γ	0,5	1,2	${}^{181}_{73}Ta(n,\gamma)\,{}^{182}_{73}Ta$	99,988	19 ± 7	21 ± 1
${}^{185}_{74}W$	73 d	β^-, γ	0,42	0,13	${}^{184}_{74}W(n,\gamma)\,{}^{185}_{74}W$	30,6	2,1 ± 0,6	19,2 ± 1,0
${}^{187}_{74}W$	24 h	β^-, γ	1,3	0,7	${}^{186}_{74}W(n,\gamma)\,{}^{187}_{74}W$	28,4	34 ± 7	19,2 ± 1,0
${}^{186}_{75}Re$	92 h	β^-. K, γ	1,07	0,13	${}^{185}_{75}Re(n,\gamma)\,{}^{186}_{75}Re$	37,07	100 ± 20	86 ± 4
${}^{188}_{75}Re$	17 h	β^-, γ	2,10	1,3	${}^{187}_{74}Re(n,\gamma)\,{}^{188}_{75}Re$	62,93	75 ± 15	86 ± 4
${}^{191}_{76}Os$	16,0 d	β^-, γ	0,14	0,13	${}^{190}_{76}Os(n,\gamma)\,{}^{191}_{76}Os$	26,4	8 ± 3	15,3 ± 0,7
${}^{191}_{76}Os$	14 h	γ		0,07	${}^{190}_{76}Os(n,\gamma)\,{}^{191}_{76}Os$			
${}^{193}_{76}Os$	31 h	β^-, γ	1,1	0,06	${}^{192}_{76}Os(n,\gamma)\,{}^{193}_{76}Os$	41,0	1,6 ± 0,4	15,3 ± 0,7
${}^{192}_{77}Ir$	74 d	β^-, γ	0,66	0,46	${}^{191}_{77}Ir(n,\gamma)\,{}^{192}_{77}Ir$	38,5	700 ± 200	440 ± 20
${}^{197}_{78}Pt$	18 h	β^-, γ	0,65	0,07	${}^{196}_{78}Pt(n,\gamma)\,{}^{197}_{78}Pt$	25,4	0,8 ± 0,1	8,8 ± 0,4
${}^{198}_{79}Au$	2,69 d	β^-, γ	0,96	0,41	${}^{197}_{79}Au(n,\gamma)\,{}^{198}_{79}Au$	100	96 ± 10	98,8 ± 0,3
${}^{203}_{80}Hg$	47 d	β^-, γ	0,21	0,28	${}^{202}_{80}Hg(n,\gamma)\,{}^{203}_{80}Hg$	29,80	3,8 ± 0,8	380 ± 20
${}^{204}_{81}Tl$	2,7 a	β^-	0,77		${}^{203}_{80}Tl(n,\gamma)\,{}^{204}_{81}Tl$	29,50	8 ± 3	3,4 ± 0,5
${}^{210}_{82}Pb$(RaD)	22 a	β^-, γ	0,018	0,05				
${}^{212}_{82}Pb$(ThB)	10,6 h	β^-, γ	0,57	0,24				

Isotop	Halbwerts-zeit	Strah-lungsart	Energie (MeV)		wichtigste Bildungs-reaktion	Ausgangs-isotop		Ausgangs-element
			Teilchen	Quanten		Häufig-keit (%)	σ_{act}	σ_{abs}
$^{210}_{83}Bi$(RaE)	5 d	β^-	1,17					
$^{210}_{83}Bi$(RaE)	5 d	β^-	1,17		$^{209}_{83}Bi(n, \gamma)\ ^{210}_{83}Bi$	100	19 ± 2 mb	34 ± 2 mb
$^{212}_{83}Bi$(ThC)	1 h	α, β^-, γ	2,2(β)	1,81				
$^{10}_{84}Po$(RaF)	138 d	α	5,3		$^{209}_{83}Bi(n, \gamma)\ ^{210}_{83}Bi \xrightarrow{\beta^-} {}^{210}_{84}Po$	100	19 ± 2 mb	34 ± 2 mb
$^{34}_{90}Th$(UXI)	24 d	β^-, γ	0,2	0,09				
$^{233}_{91}Pa$	27,4 d	β^-, γ	0,53	0,4	$^{232}_{90}Th(n, \gamma)\ ^{233}_{90}Th \xrightarrow{\beta^-} {}^{233}_{91}Pa$			
$^{232}_{2}U$	70 a	α	5,31					
$^{233}_{92}U$	1,62 10^5a	α	4,8		$^{233}_{91}Pa \xrightarrow{\beta^-} {}^{233}_{92}U$			

5.2 *Literaturverzeichnis*

[1] Gleason G. I., Taylor I. D., Tabern D. L., Nucleonics *8* (5), 12 (1951).

[2] Feather N., Proc. Cambridge philos. Soc. *34*, 599 (1938); Finkelnburg W., Einführung in die Atomphysik, Springer-Verlag Berlin-Göttingen-Heidelberg 1958.

[3] Schmeiser K., Radioaktive Isotope, ihre Herstellung und Anwendung, Springer-Verlag Berlin-Göttingen-Heidelberg 1957.

[4] Furman N. H., Watters I. I., in: Analytical Chemistry of the Manhattan Project, ed. by C. I. Rodden, McGraw-Hill Book Comp., Inc. New York-Toronto-London 1950; National Nuclear Energy, Ser. XIII – 1, S. 606.

[5] Broser I., Kallmann H., Z. Naturforsch. *29*, 439 (1947).

[6] Broda E., Schönfeld T., Radiochemische Methoden der Mikrochemie, Springer-Verlag Wien 1955, S. 21.

[7] Boyd G. E., Analytic. Chem. *21*, 344 (1949).

[8] Coryell C. D., Sugarman N., The Fission Products Book 1, McGraw-Hill London 1951.

[9] Kment V., Kuhn A., Technik des Messens radioaktiver Strahlung, Akadem. Verlagsges. Geest u. Portig, K.-G. Leipzig 1960.

[10] Herforth L., Koch H., Radiophysikalisches und radiochemisches Grundpraktikum, VEB Deutscher Verlag der Wissenschaften Berlin 1959.

[11] Hahn O., Z. physik. Chem., Abt. A *144*, 161 (1929).

[12] Zsigmondy R., Kolloid-Z. *6*, 304 (1913).

[13] Paneth F., Mh. Chem. *34*, 401 (1913).

[14] Haissinsky M., Les radiocolloides, Hermann et Cie, Paris 1934.

[15] Starik I. Je., Z. physik. Chem., Abt. A *157*, 269 (1931).

[16] Hahn O., Applied Radiochemistry, Cornell University Press Ithaca, N. Y., 1936.

[17] Burk W., Dissertation TH Dresden 1959.

[18] Chlopin V., Z. anorg. allg. Chem. *143*, 97 (1925).

[19] Doerner H., Hoskins W., J. Amer. chem. Soc. *47*, 662 (1925).

[20] NAUMANN D., HEYNE W., J. prakt. Chem., 4. Reihe, Bd. *8*, 32 (1959).

[21] KRAUS K. A., NELSON F., Proc. Intern. Confer. on the Peaceful Uses of Atomic Energy *7*, 113 (1956).

[22] NIESE S., BEER M., NAUMANN D., KÖPSEL R., Extraktive Aufarbeitung bestrahlter Kernbrennstoffe, Akademie-Verlag Berlin 1960.

[23] GRAHAME D. C., SEABORG G. T., J. Amer. chem. Soc. *60*, 2524 (1938).

[24] STEUNENBERG R. K., VOGEL R. C., Proc. Second U.N. Intern. Confer. on the Peaceful Uses of Atomic Energy *17*, 438 (1958).

[25] CEFOLA M., Mikrochem. J. *2*, 205 (1958).

[26] BRESLER Ss. Je., Die radioaktiven Elemente, VEB Verlag Technik Berlin 1957.

[27] HELBIG W., Dissertation TH Dresden 1960.

[28] BRUCE F. R., FLETCHER I. M., HYMAN H. H., in: Process Chemistry, S. 3. Progress in Nuclear Energy, Serie III, Band 2.

[29] FLANARY I. R., PARKER G. W., Process Chemistry, Pergamon Press London-New York-Paris-Los Angeles 1958, Bd. 2, 501.

[30] BEARSE A. E., et. al., Chem. Engng. Progr. *50*, No. 5, 235 (1954).

[31] Куцнецов В. И., Журнал Общей Химии (KUZNETSOV W. I., J. allg. Chem. (USSR)) *14*, 914 (1944).

[32] COOPER V. R., WALLING M. T. JR., Proc. Second U. N. Intern. Confer. on the Peaceful Uses of Atomic Energy *17*, 291 (1958).

[33] HAHN O., STRASSMANN F., Naturwissenschaften *27*, 11 (1939).

[34] STEINBERG E. P., GLENDENIN L. E., Survey of the Radiochemical Studies of the Fission Process. Proc. Intern. Confer. on the Peaceful Uses of Atomic Energy, U.N. New York, *7*, 3 (1956).

[35] EASTWOOD F. A., CRP — 642 A, Paper A 3, 44.

[36] WILLARD I. E., Am. Rev. of Nucl. Science *3*, 193 (1953).

[37] ADAMSON A. W., WILLIAMS R. R., Radiochemical Studies of the Fission Products 1, Mcyraw-Hill London 1951, S. 181.
[38] WAHL A. C., BONNER N. A., Radioactivity Applied to Chemistry, John Wiley & Sons, Inc., New York 1951, S. 7.
[39] HUFFMAN E. H., IDDINGS G. M., LILLY R. C., J. Amer. chem. Soc. *73*, 4474 (1951).
[40] SUE P., Dix ans d'application de la radioactivité artificielle, Société d'Editions Scientifiques, Paris 1948.
[41] SCHINDEWOLF U., Angew. Chem. *70*, 181 (1958).
[42] LEDDICOTTE G. W., et. al., A/Conf. 15/P/927, 23. 6. 1958.
[43] BOCHKAREV V. V., KULISH E. E., TUPIKIN I. E., Proc. Second U. N. Intern. Confer. on the Peaceful Uses of Atomic Energy *20*, 69 (1958).
[44] SAMSAHL K., TAUGBÖL K., Proc. Intern. Confer. on the Peaceful Uses of Atomic Energy, U.N. New York, *14*, 89 (1956).
[45] WINSCHE W. E., STANG L. G., TUCKER W. D., Nucleonics *8* (3), 14 (1951).
[46] MÜNZE R., Kernenergie *3*, 518 (1960).
[47] RIESS P., WILZBACH K. E., J. physic. Chem. *62*, 6–9 (1958).
[48] RUPP A. F., Proc. Intern. Confer. on the Peaceful Uses of Atomic Energy, U.N. New York, *14*, 68 (1956).
[49] IRISH E. R., REAS W. H., Symposium on the Reprocessing of Irradiated Fuels, 1, 86, Brussels, Belg., May 1957.
[50] BRUCE F. R., Symposium on the Reprocessing of Irradiated Fuels, 1, 303, Brussels, Belg., May 1957.
[51] VOGEL R. C., STEUNENBERG R. K., Symposium on the Reprocessing of Irradiated Fuels, 2, 499, Brussels, Belg., May 1957.
[52] FEDER H. M., Symposium on the Reprocessing of Irradiated Fuels, 2, 667, Brussels, Belg., May 1957.
[53] National Bureau of Standards, Washington, Handbook 52 (1953).
[54] ULLMANN I. W., Symposium on the Reprocessing of Irradiated Fuels, 1, 377, Brussels, Belg., May 1957.
[55] MOORE R. L., BURNS R. E., Proc. Second U.N. Intern. Confer. on the Peaceful Uses of Atomic Energy *18*, 231 (1958).

[56] BREZHNEVA N. E., et. al., Proc. Second U.N. Intern. Confer. on the Peaceful Uses of Atomic Energy *18*, 219 (1958).
[57] RAGGENBASS A., QUESNEY M., FRADIN I., DUFRENE I., Proc. Second. U.N. Intern. Confer. on Peaceful Uses of Atomic Energy *18*, 210 (1958).
[58] HOLLANDER I. M., PERLMAN I., SEAGORG G. T., Table of Isotopes. Rev. mod. Physics *25*, H. 3, 691–708 (1953).
[59] HUGHES D. I., SCHWARTZ R. B., Neutron Cross Sections, Sec. Ed., BNL (Brookhaven National Laboratories) 325, USAEC (United States Atomic Energy Commission) (1958).

5.3 Stichwortverzeichnis

Abfall, radioaktiver 144–154
Abgasbehandlung 147
Abklingkurven 20, 40, 104
Absorption von Strahlung 15, 37, 42, 43, 104, 105
Absorptionskoeffizient, atomarer 108
Actinidenelemente 81–86
Actinium 79
Actinium-Zerfallsreihe 69, 72
Adsorption 44, 49, 50
Aktivierungsanalyse 102, 108, 112
Alphastrahlung 11
Altersbestimmung 114
Aufarbeitung 57, 85, 126–143
Ausbrand 127
Aussalzeffekt 56
Autoradiographie 23

Betastrahlung 11

Chemische Kerntechnik, Definition 7, 8, 9
Chlopinsches Verteilungsgesetz 46, 48
Compton-Effekt 18, 19
Curie, Maßeinheit der Radioaktivität 10

Destillation 59, 141
DOERNER-HOSKINS-Verteilungsgesetz 47, 49

Elektrochemisches Verfahren 59
Emaniermethode 67, 74–76
Energie der Strahlung 13
Energiemessung 41
Entseuchungsfaktor für Spaltprodukte 136, 142, 143

Fajans-Soddyscher Verschiebungssatz 72
FEATHER-Analyse 17, 42
Fest-Abfälle, radioaktive 150
Fluorierungsprozeß 138
Flüssig-Abfälle, radioaktive 148

Gammastrahlung 13
Geiger-Müller-Zählrohr 21, 23, 26, 27
Geiger-Nuttalsche Beziehung 14
Gold-198-Herstellung 125

Goldkolloide, radioaktive 115, 125

Halbwertsdicken 41, 42, 43
Halbwertszeit 20, 40

Indikatormethode 101, 102–106
Ionenaustausch 51–55
Ionisationskammer 21, 23
Isotopenaustausch 99–101
Isotopenverdünnungsmethode 101, 106–108

Jod-131-Herstellung 119
Jod-132-Herstellung 120

K-Einfang 12
Kernbrennstoffe 126
Kernbrennstoffe, Auflösung v. 129–133
Kernspaltung 89–95
Kilocuriequellen 126, 153, 154
Kohlenstoff-14-Herstellung 120, 121
Konversionselektronen 13
Künstliche Radioisotope 81–85, 86–89

Meßproben, Herstellung 32
Methan-Durchflußzähler 26
Mitfällung 45–49
Mitkristallisation 45–49

Natürliche Radioelemente 64–80
Neptunium 84, 85
Neptunium-Zerfallsreihe 71, 72
Neutroneneinfangquerschnitt 110
Neutronenquellen 87
Neutronenreaktionen 86–88
Nulleffekt 28, 39

Paarbildung 18, 19
Papierchromatographie 57, 58
Papierelektrophorese 60, 61
Phosphor-32-Herstellung 124
Photoeffekt 18
Plutonium 81–84
Polonium 79, 80
Positronenstrahler 12
Produktion von Radioisotopen 116–126
Proportionalzähler 21, 22, 25
Protactinium 78, 79
Pyrometallurgische Aufarbeitungsverfahren 141

Radiochemie, Definition 7
Radioisotopenanwendung 106, 113–116
Radiokolloide 44
Radium 72–74
Reichweite 17, 34
Rückstoßeffekt 95
Rückstoßtrennung 73, 74
Rückstreuung 37

Sättigungsaktivität 109
Schwefel-35-Herstellung 121
Selbstabsorption 34
Solventextraktion 133–138
Spaltausbeute 89, 94
Spaltproduktabtrennung 90, 107
Spaltreaktionen 88, 89
Statistische Fehler 38, 39
Strahlenchemie, Definition 7, 9
Streuung 37
Sublimation 59, 141
Szilard-Chalmers-Reaktionen 96–99
Szintillationsspektrometer 42, 43
Szintillationszähler 21, 23, 30

Thorium 76–78
Thorium-Zerfallsreihe 70, 72
Tritium-Herstellung 124

Ultramikrochemie 62, 84
Uran 64–67
Urananalytik 66, 67
Uran-Radium-Zerfallsreihe 68, 72
UX_1-Abtrennung 77, 78

Wilsonsche Nebelkammer 21, 23
Wirkungsquerschnitt 108

Xenon-133-Herstellung 119

Zählausbeute 102
Zählrohrtypen 29
Zerfallsgesetze 19
Zerfallsreihen 102

In diesem Band werden behandelt

die radiochemische Meßtechnik und die Chemie der natürlichen und künstlichen Isotope

die radiochemische Analytik auf dem Gebiet der angewandten Radiochemie sowie die Anwendung und Herstellung wichtiger radioaktiver Isotope

die Aufarbeitung bestrahlter Kernbrennstoffe und Fragen des radioaktiven Abfalls

WISSENSCHAFTLICHE TASCHENBÜCHER